U0256834

权威·前沿·原创

皮书系列为
"十二五""十三五"国家重点图书出版规划项目

GREEN BOOK

智库成果出版与传播平台

重庆生态绿皮书

GREEN BOOK OF CHONGQING ECOLOGY

重庆生态安全与绿色发展报告（2021）

ANNUAL REPORT ON ECOLOGICAL SECURITY AND GREEN DEVELOPMENT OF
CHONGQING (2021)

重庆社会科学院生态安全与绿色发展研究中心

主　编 / 彭国川

副主编 / 孙贵艳　张　晟

社会科学文献出版社
SOCIAL SCIENCES ACADEMIC PRESS (CHINA)

图书在版编目（CIP）数据

重庆生态安全与绿色发展报告 . 2021/彭国川主编
. -- 北京：社会科学文献出版社，2021.11
（重庆生态绿皮书）
ISBN 978 - 7 - 5201 - 9193 - 7

Ⅰ.①重… Ⅱ.①彭… Ⅲ.①生态环境建设 - 研究报
告 - 重庆 - 2021 Ⅳ.①X321.271.9

中国版本图书馆 CIP 数据核字（2021）第 210749 号

重庆生态绿皮书
重庆生态安全与绿色发展报告（2021）

重庆社会科学院生态安全与绿色发展研究中心
主　　编 / 彭国川
副 主 编 / 孙贵艳　张　晟

出 版 人 / 王利民
责任编辑 / 张　媛
责任印制 / 王京美

出　　版 / 社会科学文献出版社·皮书出版分社 (010) 59367127
　　　　　　地址：北京市北三环中路甲 29 号院华龙大厦　邮编：100029
　　　　　　网址：www. ssap. com. cn
发　　行 / 市场营销中心 (010) 59367081　59367083
印　　装 / 天津千鹤文化传播有限公司

规　　格 / 开本：787mm × 1092mm　1/16
　　　　　　印张：15. 25　字数：226 千字
版　　次 / 2021 年 11 月第 1 版　2021 年 11 月第 1 次印刷
书　　号 / ISBN 978 - 7 - 5201 - 9193 - 7
定　　价 / 128. 00 元

重庆生态绿皮书编委会

主要编纂者简介

彭国川　重庆社会科学院生态与环境资源研究所所长，重庆市首批新型重点智库生态安全与绿色发展研究中心首席专家，研究员，经济学博士。兼任重庆市数量经济学会副会长、重庆市区域经济学会常任理事。主要从事生态经济、产业经济、区域经济研究。主持国家社会科学基金和省部级及以上项目 30 余项，为多个部门、区县、企业提供战略咨询。出版专著 1 部，学术论文 30 多篇；《关于建设三峡库区国家生态涵养发展示范区的建议》《关于深入推进长江上游流域综合管理的建议》《重庆筑牢长江上游重要生态屏障研究》《长江上游生态建设应构建区域合作共建机制》等近 40 篇决策建议被党和国家领导人、省部级领导批示。曾获得教育部人文社科优秀成果奖一等奖 1 次，重庆市发展研究奖一等奖 1 次、二等奖 2 次、三等奖 1 次，重庆市社会科学优秀成果奖二等奖 1 次。

孙贵艳　重庆社会科学院生态与环境资源研究所、生态安全与绿色发展研究中心副研究员，理学博士，西南大学农林经济管理博士后，重庆市区域经济学会理事，国际区域研究协会（RSA）会员。主要从事区域可持续发展、生态经济研究。在《中国农业资源与区划》、Sustainability、《长江流域资源与环境》等期刊发表文章 30 多篇；主持国家社会科学基金一般项目 1 项，出版专著《西部典型贫困地区农村生计变化及相关效应研究——以甘肃秦巴山区为例》，参编《地表过程研究概论》《玉树地震灾后恢复重建：资源环境承载能力评价》《重庆农产品电商产业发展研究报告（2016）》等；

获重庆市发展研究奖二等奖 1 项，4 篇决策建议获得党和国家领导人、省部级领导批示。

　　张　晟　重庆市生态环境科学研究院副院长、教授级高级工程师。主要从事水库生态系统结构及生源要素生物地球化学特征、水－陆交错带生物地球化学过程、生态系统演变趋势及受损生态系统修复技术研究。研发的针对高落差水位消落带生态修复技术在三峡库区推广应用，为三峡水库消落带实施分型、分区保护和生态恢复提供科技支撑。主持编制《重庆市生态保护红线划定方案》"重庆市生态环境保护规划""重庆市水生态环境保护规划"等区域性重大生态保护规划，为重庆筑牢长江上游重要生态屏障，推进生态文明建设提供了科学依据与决策支撑。主持或主研国家和省部级及以上课题 30 余项；发表科研论文百余篇，出版专著 3 部；授权专利 10 余项；获省部级科技进步一等奖、三等奖各 1 次。

序　言

生态安全是国家安全的重要组成部分，是关系最广大人民群众生存发展的核心利益。生态屏障是关乎国家生态安全的战略性、基础性工程，是生态安全建设的核心内容。2000年《全国生态环境保护纲要》首次提出了国家生态环境安全的概念，提出要建立江河源头区、重要水源涵养区、水土保持的重点预防保护区和重点监督、江河洪水调蓄区、防风固沙区和重要渔业水域等重要生态功能区，为经济社会持续、健康发展和环境保护提供科学支持。此后开展了国家生态功能区划工作，并先后发布了《全国生态功能区划》（2008年）、《全国生态功能区划（修编版）》（2015年），以维护区域生态安全。2010年《全国主体功能区规划》提出以"两屏三带"（青藏高原生态屏障、黄土高原—川滇生态屏障、东北森林带、北方防沙带和南方丘陵山地带等）为主体的生态安全战略格局。2014年4月，中央国家安全委员会第1次会议将生态安全正式纳入国家安全体系，生态安全成为国家总体安全体系的重要组成部分。《"十三五"生态环境保护规划》（2016年）指出，要系统维护国家生态安全，建设"两屏三带"国家生态安全屏障。2019年，"实施重要生态系统保护和修复重大工程，优化生态安全屏障体系"被列为落实党的十九大报告重要改革举措和中央全面深化改革委员会2019年工作要点。

习近平总书记高度重视生态屏障建设，多次就我国高原、重要山脉、主要河流及生态关键区域提出了建设生态屏障的要求，并强调要建立以生态系统良性循环和环境风险有效防控为重点的生态安全体系。2014年9月在中央民族工作会议上指出，民族地区地处大江大河上游，是中华民族的生态屏障。在十八届中央政治局第四十一次集体学习时指出，要重点实施青藏高原、黄土高原、云贵高原、秦巴山脉、祁连山脉、大小兴安岭和长白山、南岭山地地区、京津冀水源涵养区、内蒙古高原、河西走廊、塔里木河流域、滇桂黔喀斯特地区等关系国家生态安全区域的生态修复工程，筑牢国家生态安全屏障。习近平总书记 2016 年视察重庆时指出，"要建设长江上游重要生态屏障"；2019 年再次视察重庆时强调"要筑牢长江上游重要生态屏障"。针对宁夏，要求"加强绿色屏障建设，实施天然林保护和三北防护林工程"；提出贺兰山是我国重要自然地理分界线和西北重要生态安全屏障。针对内蒙古，要求"筑牢祖国北方生态安全屏障"。针对甘肃，要求"构筑国家西部生态安全屏障"。在陕西，指出"秦岭山脉是我国重要的生态安全屏障"。

习近平总书记 2016 年、2019 年两次亲临重庆视察，从"建设长江上游重要生态屏障"到"筑牢长江上游重要生态屏障"，对重庆在推进长江经济带绿色发展中发挥示范作用提出了更高要求，寄托了更高期盼。围绕长江上游重要生态屏障建设，重庆市先后出台了《长江上游生态屏障（重庆段）山水林田湖生态保护修复工程试点实施方案》《重庆市实施生态优先绿色发展行动计划（2018—2020 年）》《重庆市国土绿化提升行动实施方案(2018—2020 年)》《重庆市筑牢长江上游重要生态屏障"十四五"建设规划（2021—2025 年)》《重庆市重要生态系统保护和修复重大工程总体规划(2021—2035 年)》，建立了长江上游重要生态屏障建设的政策体系，为重庆市建设长江上游重要生态屏障确立了基本方向和实施路径。重庆地处西南丘陵山区，自然生态本底脆弱，生态环境尚未实现由量变到质变的飞跃，生态系统还比较敏感脆弱，环境容量和承载力还存在不足，离筑牢长江上游重要生态屏障的目标要求仍存差距，全市生态环境保护与建设任务仍然任重道远。

在此背景下，重庆市首批新型重点智库——重庆社会科学院生态安全与绿色发展研究中心组织专家团队深入研究，以"重庆生态绿皮书"为载体，发布《重庆生态安全与绿色发展报告》，以习近平生态文明思想为根本遵循，坚持理论支撑、问题导向、立足实际，持续开展长江上游地区生态安全与绿色发展研究与评估，针对重大现实问题提出对策建议，以期为各级党委政府、学界、社会提供决策和理论参考。

彭国川

2021 年 10 月

摘　要

生态屏障是关乎国家生态安全的战略性、基础性工程，是生态安全建设的核心内容。2016 年 1 月，习近平总书记视察重庆时指出重庆"要建设长江上游重要生态屏障"。2019 年 4 月，习近平总书记再次视察重庆并强调"加强生态保护修复，筑牢长江上游重要生态屏障"。重庆位于长江重点生态区（含川滇生态屏障），处在"一带一路"和长江经济带联结点上，是长江上游地区水资源保护重点区域，三峡水库是我国淡水资源战略储备库，关系到 3 亿多人的饮水安全，维系全国 35% 的淡水资源涵养，筑牢长江上游重要生态屏障，保护好三峡库区和长江，对于维护长江中下游地区生态安全十分重要。深刻认识生态屏障的基本内涵，准确把握其特征与功能，进而明确其建设路径，对于指导重庆市长江上游重要生态屏障建设、维护长江流域生态安全意义重大。

《重庆生态安全与绿色发展报告（2021）》分为四个部分，包括总报告、绿色屏障篇、绿色产业篇、绿色家园篇。

总报告首先研究梳理了长江上游重要生态屏障的理论内涵、主要特征与功能、建设重点。重庆长江上游重要生态屏障以山地—河流为主要特征，核心功能是水质净化确保水安全，还具有水源涵养、水土保持、生物多样性保护等基本生态功能。生态建设的重点是实施流域生态系统综合治理和修复，构建污染源头控制—过程削减阻隔—修复重建—维持保育等水生态系统调控与运维保障体系，着力提升生态系统的自净能力和污染物处理能力。其次，侧重从制度、机制、政策等方面完善长江上游重要生态屏障建设的长效机

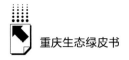
制。要强化生态屏障建设的法制保障，构建生态屏障建设的协调统筹机制；完善生态建设的事权、支出责任和财力相适应的资金保障机制；探索生态保护与经济发展协调机制。

生态安全是生态屏障建设的根本目标，提升生态屏障防护能力是筑牢生态屏障的核心内容。绿色屏障篇主要关注长江上游重要生态屏障建设的重点领域，包括3篇报告。《重庆生态安全格局构建研究》定量评估了重庆20年来生态格局的时空演变，围绕生态源、生态廊道等核心要素，提出了重庆生态安全格局优化的思路与路径。《三峡水库消落带生态保护模式与修复绩效评估》针对三峡库区消落带这个关键敏感区域，综合评估其生态现状、保护模式及修复成效，针对不同功能区提出因地制宜的保护模式。《重庆自然保护地优化整合研究》以典型区县自然保护地为案例，深入分析重庆自然保护地优化整合中的突出矛盾和问题，提出完善自然保护地建设的政策建议，推动建立以国家公园为主体的自然保护地体系。

绿水青山就是金山银山，生态建设与经济发展是有机统一、相辅相成的，筑牢生态屏障的根本路径就在于推进生态产品价值实现，发展绿色产业。绿色产业篇包括2篇报告。《生态产品价值实现与重庆探索》主要探讨生态产品价值实现理论内涵、现实困境、制度设计以及重庆探索生态产品价值实现的案例。康养产业是生态优势转化为经济优势的载体产业，《重庆生态康养产业发展探索实践》主要研究重庆生态康养产业发展的宏观环境、基础、路径、重点和政策保障。

推进生态文明建设最终目的是增强人民群众的获得感、幸福感，努力实现城市让生活更美好、乡村让人民更向往。绿色家园篇包括2篇报告。《重庆城市绿化建设路径研究》主要分析重庆主城区绿化现状与问题、国内外城市绿化经验借鉴、城市绿化建设的重点领域和体制机制保障。《重庆建设高品质生活宜居地研究》主要探讨高品质生活宜居地内涵与特征、基础条件、主要优势、短板与瓶颈，提出重庆打造高品质生活宜居地的战略举措。

关键词： 生态安全　绿色屏障　绿色产业　绿色家园

Abstract

Ecological barrier is a strategic and fundamental project associated with national ecological security. Protecting ecological barrier is the core content of ecological security construction. During Xi Jinping's visit to Chongqing in January 2016, he pointed out that Chongqing should build an important ecological barrier in the Upper Reaches of Yangtze River. Xi Jinping emphasized that strengthening ecological protection and restoration, and building a strong ecological barrier in the Upper Reaches of Yangtze River during his visit to Chongqing in April 2019. Chongqing is located in the key ecological zone of the Yangtze River (including the Sichuan-Yunnan ecological barrier), at the junction of the "One Belt One Road" and the Yangtze River Economic Belt. Chongqing is the key area of water resources protection in the Upper Reaches of Yangtze River. The Three Gorges Reservoir Region is the national freshwater strategic reserve in China, which is related to the drinking water safety of more than 300 million people and maintains 35% of the freshwater resources in China. It is critical important for maintaining the ecological security of the middle and lower reaches of the Yangtze River to build a solid ecological barrier and protect the Three Gorges Reservoir Region and the Yangtze River. It is of great significance to deeply understand the basic connotation, characteristics, functions, and construction path of ecological barrier for guiding the construction of ecological barrier in the Upper Reaches of Yangtze River and maintaining the ecological security of the Yangtze River basin.

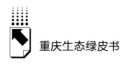
Annual Report on Ecological Security and Green Development of Chongqing 2021 is divided into four parts: General Reports, Green Barrier, Green Industry and Green Home.

General Reports "Review and Prospect of Important Ecological Barrier Construction of Chongqing in the Upper Reaches of Yangtze River" focuses on the theoretical connotation, primary characteristics, functions, and the key construction points of the important ecological barriers in the Upper Reaches of Yangtze River. The important ecological barriers of Chongqing in the Upper Reaches of Yangtze River are mainly characterized by mountains and rivers, and their core ecological functions are water quality purification, water resource security, soil and water conservation, and biodiversity conservation. Ecological construction should emphasize the integrated management and restoration of watershed ecosystem. Meanwhile, it is necessary to establish the regulation and operation system of pollution source control-process barrier-restoration and reconstruction-maintenance and conservation for aquatic ecosystem, and focus on improving the ecosystem capacity of self-purification and pollutant treatment. "Research on the Mechanism of Building Important Ecological Barriers in the Upper Reaches of Yangtze River in Chongqing" focuses on improving the long-term mechanism of constructing the important ecological barrier in the Upper Reaches of Yangtze River from the aspects of law, regulation, mechanism, and policy. It is necessary to strengthen the legal guarantee and construct the coordination mechanism for ecological barrier construction. The authorities should optimize the mechanism of duties, expenditure responsibility and fund guarantee for ecological construction, and explore a mechanism for the coordinated development of ecology and economy.

Ecological security is the fundamental goal of ecological barrier construction, and improving the protection ability of ecological barrier is the core content of building the solid ecological barriers. The chapter of Green Barrier focuses on the major fields for the construction of important ecological barriers in the Upper Reaches of Yangtze River, and this chapter includes three reports. "Research on the Construction of Ecological Security Pattern in Chongqing" quantitatively evaluated the spatial-temporal evolution of ecological patterns in Chongqing in the past two decades, and proposed the ideas and paths for the optimization of ecological security pattern in Chongqing based on the core ecological elements such as ecological sources and ecological corridors. "Ecological Restoration Model and Technology Performance Evaluation for the Hydro-fluctuation Belt in the Three Gorges Reservoir Region" comprehensively evaluated the ecological status, conservation patterns and restoration effectiveness of the hydro-fluctuation belt in the key and sensitive zone of the Three Gorges Reservoir Region. The study proposed varied protection and restoration modes for different functional zones according to the local conditions. "Research on the Optimization and Integration of Protected Area in Chongqing" took the typical districts and counties in Chongqing as an example, deeply analyzed the typical contradictions and problems in the optimization and integration of the protected areas, and put forward certain proposals to improve the construction of the protected areas, which is conducive to promoting the establishment of a system for natural protected areas with national parks as the main body.

"Clear Waters and Green Mountains". Ecological construction and economic development are closely unified and complement each other. The fundamental way to construct ecological barrier is to realize the value of ecological products and develop green industries. The chapter of Green Industry includes two reports. "Value Realization of Ecological Products and Chongqing Exploration" mainly discussed the theoretical connotation, realistic dilemma, system design and the typical cases of the value realization of ecological products in Chongqing. Health care industry is the carrier industry of transforming ecological advantage into economic advantage. "Exploration and Practice of the Development of Ecological

Health Care Industry in Chongqing" mainly studied the macro environment, industrial foundation, development blueprint, key industries, and policy guarantee for the development of ecological health care industry.

The final goal of promoting ecological civilization is to increase the people's sense of fulfillment and happiness, and to make urban life better and rural areas more desirable. The chapter of Green Home includes two reports. "Research on the Construction Path of Urban Greening in Chongqing" mainly analyzed the current situation and problems of urban greening in the downtown of Chongqing, the experience of urban greening in both domestic and overseas and the primary fields and mechanism guarantee of urban greening construction. "Research on the Construction of High Quality Living Zones in Chongqing" mainly studied the connotation and characteristics, basic conditions, primary advantages, weaknesses and bottlenecks of the high quality living zones, and put forward the strategic measures to build the high quality living zones for Chongqing.

Keywords: Ecological Security; Green Barrier; Green Industry; Green Home

目 录 ⌐⬊▨▨▨

Ｉ 总报告

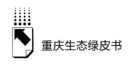
皮书数据库阅读使用指南

CONTENTS

I General Reports

II　Green Barrier

III　Green Industry

IV   Green Home

总 报 告

General Reports

G.1

重庆长江上游重要生态屏障
建设的回顾与展望

彭国川 孙贵艳 吕 红 李春艳 何 睿*

摘 要： "筑牢长江上游重要生态屏障"是重庆贯彻习近平生态文明
思想的生动实践。长江上游重要生态屏障具有净化水质、涵
养水源、水土保持、保护生物多样性四大功能。目前重庆在
水环境质量改善、水源涵养、生物多样性保持、环境安全风
险防范等方面依然面临较大压力，需进一步采取强化国土空
间管控、生产生活端严控污染源、加强森林湿地生态系统建
设、加强土壤修复和综合治理、保护生物资源和修复栖息地

* 彭国川，重庆社会科学院生态与环境资源研究所所长，研究员，主要从事生态经济、产业经
济、区域经济研究；孙贵艳，副研究员，主要从事区域可持续发展、生态经济研究；吕红，
重庆社会科学院生态与环境资源研究所副所长，副研究员，主要从事环境与可持续发展、公
共政策等领域研究；李春艳，副研究员，主要从事绿色发展、三峡库区百万移民安稳致富等
领域研究；何睿，助理研究员，北京师范大学在读博士，主要从事资源经济、实验经济等领
域研究。

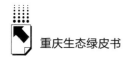

质量、强化减污降碳与环境风险防控等措施。

关键词： 长江上游　生态屏障　生态功能

习近平总书记在不同场合提出了生态屏障的概念，并强调要建立以生态系统良性循环和环境风险有效防控为重点的生态安全体系。2016年1月，习近平总书记视察重庆时指出重庆"要建设长江上游重要生态屏障"；2016年8月，习近平总书记在青海考察时提出"筑牢国家生态安全屏障"；2019年4月，习近平总书记再次来重庆视察，强调"要筑牢长江上游重要生态屏障"。重庆位于长江重点生态区（含川滇生态屏障），处在"一带一路"和长江经济带联结点上，是长江上游地区水资源保护重点区域，三峡水库是我国淡水资源战略储备库，关系到3亿多人的饮水安全，维系全国35%的淡水资源涵养。因此，长江上游重要生态屏障建设，其重点是保护好三峡库区和长江，维护长江中下游地区生态安全。

一　长江上游重要生态屏障的内涵与属性

（一）基本内涵

生态屏障是我国多年生态环境建设的产物，相似的术语有"绿色屏障""生态安全屏障""生态环境保护屏障"等。迄今为止，就生态屏障的科学内涵而言，尚无统一的认识。

我们认为，生态屏障具有地域和功能双重含义，指位于特定过渡性区域，以山水林田湖草为基本构成要素，与经济系统、社会系统多重交织，且能够维持生态—经济—社会之间平衡，保障区域内外乃至国家生态安全的复合生态系统。

1. 生态屏障具有明确的空间区位

生态屏障通常处于过渡性地带，是一个区域的关键地段；具有一定的空间跨度，在空间上呈封闭或半封闭状态；根据不同区域生态保护的重要程度或生态环境破坏程度，生态屏障内部可分为优先保护区、重点管控区和一般维护区。

2. 生态屏障具有复合的生态系统

生态屏障由山水林田湖草多种要素组成，与经济、社会系统多重交织，既具有生态系统的属性和功能，也具有经济和社会系统的属性和功能。

3. 生态屏障具有明确的防护对象

生态屏障依托其良好的生态功能和结构，能够为特定区域或对象提供生态系统服务，并把具有潜在威胁或不利于人类发展的水土流失、石漠化等问题限制在一定范围或程度内，从而保障区域生态安全。

4. 生态屏障具有特定的生态功能

生态屏障通常具有净化水质、涵养水源、水土保持、保护生物多样性、防风固沙、洪水调蓄、调节气候、精神美学等功能。在具体的生态屏障建设中，针对特定的防护对象，往往突出强调某一种或某几种功能。如三北防护林就是针对土地沙漠化、水土流失严重而建立的，其最重要的功能就是防风固沙，有效控制风沙危害和水土流失。

5. 生态屏障具有特定的建设内容

为了维持不同的功能，需要选择有效的、有针对性的建设内容。生态屏障建设可通过实施植树造林、天然林保护、退耕还林还草、自然保护地建设、石漠化治理、湿地保护、矿山修复、水污染防治、生物多样性保护等，使生态功能得到有效维持。如三北防护林主要是采取人工造林、封山（沙）育林、飞播造林等措施达到减风沙、防流失的效果。

（二）基本属性

1. 生态屏障具有公共产品属性

生态屏障属于公共生态产品。生态屏障为人类提供了清洁的水源、新鲜

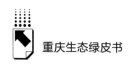

的空气、肥沃的土壤、茂密的森林、宜人的环境等生存和发展所需的最基本的生态产品。衡量生态屏障建设成效的关键指标是，生态屏障是否为人类提供了最优质和最满意的生态产品。公共性是生态屏障的基本属性之一，它不仅可以改善区域生态环境，还对大江大河乃至全国的生态安全起着重要的作用。因此，生态屏障建设是地方和中央政府的基本职责所在。

2. 生态屏障具有整体性

生态屏障属于一个相对完整和独立的地理单元，表现在空间、流域和生态要素三个层次上。从空间角度看，生态屏障是"三生空间"的复合生态系统，某一环节的失衡将会影响整个生态系统的运作。从流域的角度看，生态屏障涉及水源地、汇水区、地下水地表水相互作用区等区域。在生态要素方面，生态屏障包括山、水、林、田、湖、草、沙等各种自然要素，人类健康的生存环境是基于各要素的有序组合。

3. 生态屏障具有建设的多目标性

生态屏障建设既要兼顾生态保护目标，又要兼顾经济发展目标，具有多目标性。生态屏障建设的首要目标是保护生态，保障区域和国家的生态安全。生态屏障建设的重要目标是经济社会发展，确保经济持续增长，打赢脱贫攻坚战，改善民生，提高人民生活质量。从长远来看，生态目标与经济社会目标在本质上是一致的，高品质的生态环境是实现经济社会健康发展的前提，而经济社会的发展又反哺生态保护。

4. 生态屏障具有建设的成本性

生态屏障建设需要大量成本投入。建设成本表现为直接成本和机会成本。直接成本是指保护和修复生态系统的成本，如退耕还林还草、天然林保护、水源保护、生物多样性保护、石漠化治理、水污染治理、生态移民、农村环境整治等。机会成本是指因生态保护导致发展机会和潜在收入减少的成本，如因执行严格的行业准入标准而导致产业发展机会丧失，以及进行生态建设造成的机会成本损失，它不是一种实际支出，而是失去的潜在收益。

5. 生态屏障具有建设的长期性

生态屏障是由多重生态系统长期演化而来的，因此生态屏障建设和保护注定是一个长期和复杂的过程。生态屏障作为一个复杂的复合生态系统，经历了一个从低层次到高层次、从简单到复杂、从无序到有序的长期演化过程。同时，人类对生态系统功能的更高需求必然会推动生态系统的不断演化。受资金和生态修复技术的限制，生态屏障建设不能一蹴而就，人类只能解决当前生态系统所面临的最迫切的问题，从而导致生态屏障建设工程具有长期性。

二　重庆长江上游重要生态屏障的总体概况

重庆长江上游重要生态屏障主要由森林、湿地、农田、江河、城市等各类生态系统构成，其中森林及湿地是主要的自然生态系统。重庆市森林面积为41317平方公里、森林覆盖率为50.1%，森林生态系统主要分布在大巴山、华蓥山、武陵山、大娄山区和川东平行岭谷山地；湿地总面积为2072平方公里，主要分布在江津—巫山长江干流流域、嘉陵江流域和乌江流域。重庆市境内江河纵横，包括长江、嘉陵江、乌江三大水系在内的过境河流31条，年均过境水量近4000亿立方米；境内流域面积大于50平方公里的河流约510条，流域面积大于100平方公里的河流有207条，流域面积大于1000平方公里的河流有40条。重庆市生物资源极其丰富，分布有野生维管植物6000余种，陆生野生脊椎动物800余种。

（一）生态区位

1. 重庆地处青藏高原与长江中下游平原的过渡地带，生态环境较为脆弱

重庆处于川东褶皱带、大巴山断褶带和川湘黔隆起褶皱带的交会处，地质构造非常复杂、岩性较为疏松，容易发生崩塌、滑坡、泥石流等自然灾害。重庆拥有大巴山、华蓥山、武陵山、大娄山四大山系，长江、嘉陵江、乌江三大水系，沟壑纵横，地形破碎，是典型的生态脆弱过渡区。

2. 重庆处于三峡库区腹心地带，生态问题十分敏感

三峡水库是南水北调中线工程重要的补充水源地，为我国近1/4的地区

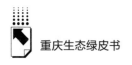
提供淡水资源。重庆境内分布众多河流，复杂的水体环境使得污染源面多量广、治理难度加大。筑牢长江上游重要生态屏障，保障三峡水库水质和三峡工程运行安全，具有重要的意义。

3. 重庆是长江上游生态屏障的最后一道关口，生态地位非常重要

重庆是长江水汇入三峡库区的最后节点，拥有4个重要生态功能区，是长江上游最后一道生态屏障。若其遭受破坏，不但影响重庆自身的生态平衡，还会影响整个长江流域甚至更大范围的生态安全。筑牢长江上游重要生态屏障，对保障长江流域生态平衡和国土安全，具有极其重要的作用。

（二）生态功能

1. 净化水质

经过森林、草地、土壤、水中植物和微生物等的吸收分解，阻止或减少有害物质对水体的不利影响。重庆拥有12条大型河流，约510条流域面积超过50平方公里的河流，年均过境水资源量约4000亿立方米。目前42个国考断面水质达到考核目标，但离"到2020年水质达到或优于Ⅲ类比例在95.2%以上"的要求仍有差距，且部分河段"水华"频发，安全形势依然严峻。

2. 涵养水源

采取恢复植被等绿化措施，强化对降水的截留、吸收和下渗，满足系统内外的水源需求。重庆人均森林面积1.6亩，仅占全国的73%。湿地面积只有2000多平方公里，不到重庆土地面积的3%，且受资源开发等人类活动影响，其涵养水源、调节径流等功能有所下降。局部地区存在地表泉水断流、地下水水位下降、山坪塘干涸等问题。这些均会影响长江上游地区水资源数量和布局，引起部分地区水资源形势的恶化。

3. 水土保持

通过森林生态系统、草地生态系统等的恢复，减缓雨水和地表径流对土壤的冲击，从而减少水土流失。重庆36个区县属石漠化发生区，是全国石漠化严重发生地区，2018年石漠化土地面积约7730平方公里。重庆还是长江上

游水土流失严重的地区，2018年水土流失面积2.58万平方公里，占31.3%，其中三峡库区是最严重的区域，占全市水土流失面积的比重高达60%。水土流失引起的泥沙淤积，有害于长江防洪安全和三峡工程的长治久安。

4.保护生物多样性

通过自然生态系统恢复，维系动植物、微生物和人类的繁衍与生存，保持生物种类的多样化。重庆是全球生物多样性关键地区，分布着全国21.1%的高等植物种类、18.8%的兽类和29%的鸟类，其中包括20多种国家一级重点保护野生动植物。人类高强度活动，会严重影响生物多样性。

（三）功能分区

根据市域内不同区域生态区位关键性、生态功能重要性、生态本底差异性、生态屏障建设中的主要矛盾和亟须解决的主要问题，重庆长江上游重要生态屏障可划分为重要生态功能区、农产品提供功能区和人居保障功能区，其中重要生态功能区包括四大国家重要生态功能区的部分区域，具体如下所述。

大娄山区水源涵养与生物多样性保护重要区：涉及江津、綦江等地，水热条件良好，生物资源丰富，以常绿阔叶林为主，是重要水源涵养区。

秦岭－大巴山生物多样性保护与水源涵养重要区：主要涉及城口、巫溪，是嘉陵江的主要水源涵养区，是南水北调中线的水源地，也是我国生物多样性重点保护区域。

武陵山区生物多样性保护与水源涵养重要区：主要涉及黔江、酉阳、秀山、彭水、武隆、石柱，有水杉、珙桐等多种国家珍稀濒危物种，又是多条水系汇水区，具备重要的水源涵养和土壤保持功能。

三峡库区土壤保持重要区：主要涉及巫山、巫溪、奉节、云阳、开州、万州、忠县、丰都、涪陵、武隆、南川、长寿、渝北、巴南，山高坡陡、降雨强度大，是三峡水库水环境保护的重要区域。

农产品提供功能区：主要涉及梁平、垫江、涪陵、长寿、江津、合川、永川、南川、綦江、大足、璧山、铜梁、荣昌、潼南等，是商品粮基地和集

中连片的农业用地，以及畜产品和水产品提供区域。

人居保障功能区：该区是人口、产业、工矿集中分布区域，包括主城都市区和重点城镇。主要涉及渝中、江北、南岸、九龙坡、沙坪坝、大渡口、北碚、渝北、巴南，随着成渝地区双城经济圈和重庆市"一区两群"建设，这一区域将会进一步扩展到涪陵、长寿、江津、合川、永川、南川、綦江、大足、璧山、铜梁、荣昌、潼南。

三　长江上游生态屏障建设历史

（一）水土保持阶段

1939 年四川省内江甘蔗试验场，通过在场内设置不同的径流小区，研究水土流失与产量的关系，开启了长江中上游的水土保持工作。20 世纪 40 年代中期，国民政府农林部设立"长江水源涵养林区汉中分区"。1950 年，中央成立流域机构——长江水利委员会。

20 世纪 50 年代中期，我国在涪江、岷江等相继建立小流域径流试验站，大规模地开始森林水文的研究试验。1955 年，毛泽东向全国人民发出了"绿化祖国""实行大地园林化"的号召。1956 年，中国开始了第一个"12 年绿化运动"。1958 年，毛泽东指出："要看到林业、造林，这是我们将来的根本问题之一。"1958 年 3 月，毛泽东同志在长江重庆云阳段视察时，要求发动群众多栽树，绿化长江。1959 年首次编制完成《长江流域综合利用规划要点报告》，确立以三峡水利枢纽工程为主体的五大开发计划。1976 年 7 月 21 日至 9 月 9 日，首次对长江源头进行了以河流为主的综合性考察。1978 年 6 月 21 日至 9 月下旬，再次考察江源水系诸河流。

（二）生态防护林建设阶段

1981 年四川特大洪灾后，中央和四川省加强对长江上游地区森林资源、生态环境改善的重视。邓小平同志就林业问题作了谈话："最近的洪灾问题涉及林业，涉及木材的过量采伐。看来宁可进口一点，也要少砍一点。"与此同时，有专家建议"四川省应作为长江水源涵养基地"，让长江上游森林"休养生息"。

1985 年，"长江上游水源林和水土保持林营造技术研究"被国务院纳入"八五"科技攻关重点项目。1986 年，"七五"计划提出了"积极营造长江中上游水源涵养林和水土保持林"的设想。林业部提出通过植树造林和封山育林，在长江中上游地区增加森林面积 2000 万公顷的目标。长江中上游防护林工程前期试点工作也在川、黔、滇等省有步骤地展开。

1989 年四川首次提出绿化全川，随后陆续实施了长江防护林建设、天然林保护、退耕还林等重大生态工程。1989 年我国启动了长江流域防护林体系建设工程，共完成 832 万公顷营造林，治理 6.5 万平方公里水土流失，森林覆盖率净增 9.6 个百分点。

（三）长江上游生态屏障地方谋划阶段

1996 年，林业部提出建设长江上游生态屏障的设想，随后作出一系列部署，使得长江上游地区天然林资源保护有了较大进展。1998 年四川省率先启动天然林资源保护工程，同年 9 月率先正式实施天然林资源保护工程，来年 10 月又率先开始退耕还林试点工程。

自 1998 年起，四川、重庆、云南、贵州等省市提出跨省市的天然林资源保护、荒山荒坡绿化及生态环境保护等绿色生态屏障建造工程。2000 年初，四川省"十五"计划明确指出："要在今后的 10 年内，把四川建成西部的经济强省，建成长江上游的生态屏障。"随后，重庆、西藏等省区市也相继在各自的"十五"计划中提出类似的目标，并形成西南省区市加强协作、共建长江上游生态屏障的意见。

（四）长江上游生态屏障国家规划阶段

2000 年《全国生态环境保护纲要》提出了国家生态环境安全的概念，提出要建立江河源头区、重要水源涵养区、水土保持的重点预防保护区和重

点监督区、江河洪水调蓄区、防风固沙区和重要渔业水域等重要生态功能区，为经济社会持续、健康发展和环境保护提供科学支持。

2000年10月，中共中央在《关于制定国民经济和社会发展第十个五年计划的建议》中，进一步明确指出："西部地区要加强基础设施建设和生态环境保护"，要"加快建设资源节约型、环境友好型社会，大力发展循环经济，加大环境保护力度"，对长江上游各省区市共建流域生态屏障提出新要求。国务院在《西部大开发"十一五"规划》中首次提出长江上游生态屏障建设目标，明确提出成渝经济区要加快建设长江上游生态屏障。

2009年，重庆实施绿化长江行动，以此使长江再现"一江碧水、两岸青山"的美景，加快构建长江绿色生态屏障，维护三峡库区及中下游的生态安全。

2016年1月，习近平总书记视察重庆时指出重庆"要建设长江上游重要生态屏障"；2019年4月再次视察重庆并强调"要筑牢长江上游重要生态屏障"。

四 重庆建设长江上游重要生态屏障面临的形势

（一）建设成效

2017年7月以来，重庆市以习近平新时代中国特色社会主义思想为指导，增强"四个意识"、坚定"四个自信"、做到"两个维护"，深入落实习近平总书记对重庆提出的"两点"定位、"两地""两高"目标、发挥"三个作用"和营造良好政治生态的重要指示要求，强化"上游意识"，担起"上游责任"，学好用好"两山论"、走深走实"两化路"，坚持生态优先绿色发展，坚决打好污染防治攻坚战，筑牢长江上游重要生态屏障卓有成效。

1. 重要生态系统保护修复成效显著

通过湿地保护、退耕还林、国土绿化提升、水土流失及石漠化治理等各项生态保护和修复措施，全市森林生态系统、湿地生态系统和生态敏感脆弱区得到极大保护和修复。一是印发《关于推进长江上游生态屏障（重庆段）山水林田湖草生态保护修复工程的实施意见》，争取国家奖补资金18.3亿元，累计完成投资66.9亿元，开展山水林田湖草系统修复。二是开展广阳岛长江经济带绿色发展示范工程，同步推进国家"绿水青山就是金山银山"实践创新基地建设。2019年，全市森林覆盖率达到50.1%，比2016年增加4.7个百分点，远高于全国平均水平（22.96%）；完成水土流失治理面积1426平方公里，石漠化综合治理面积403平方公里，治理修复污染土壤15.5万立方米；新增城市绿地面积2688万平方米，湿地保有量稳定在310万亩以上。

2. 污染防治攻坚战圆满收官

印发《重庆市污染防治攻坚战实施方案（2018—2020年）》，34项主要指标、206项重点工程全面完成，切实改善生态环境质量。一是打好碧水保卫战。42个国家考核断面水质优良比例为97.6%，比2016年提高9.5个百分点，全面消除劣V类水质断面和城市建成区黑臭水体，2019年国家"水十条"评估中重庆居全国首位。二是打赢蓝天保卫战。2019年，全市空气质量优良天数316天，比2016年增加15天，其中"优"的天数为119天，空气中$PM_{2.5}$浓度持续下降，PM_{10}浓度连续两年达标，二氧化氮浓度连续三年下降并达标，二氧化硫浓度连续两年达个位数。三是打好净土保卫战。完成358块疑似污染场地调查评估，纳入全国"无废城市"试点范围，医疗废物集中无害化处置实现镇级全覆盖，危险废物处置利用率达到100%，城市生活垃圾无害化处理率保持100%，土壤环境质量总体稳定。四是减少噪声污染扰民。严控施工和工业噪声，减少社会生活和交通噪声扰民，全市功能区声环境质量达标率为95.9%，声环境质量保持稳定。13年未发生重特大突发环境事件。

3. 生态优先绿色发展行动计划基本完成

印发《重庆市实施生态优先绿色发展行动计划（2018—2020年）》，28类工程、119项工作任务基本完成。一是建立健全国土空间规划体系，划定

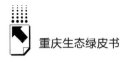

生态保护红线管控面积 2.04 万平方公里，占全市土地面积的 24.82%。二是严格执行长江干流及主要支流 1 公里、5 公里产业管控政策，在全国率先发布"三线一单"实施意见，初步建立以"三线一单"为核心的生态环境分区管控体系。三是积极贯彻落实中央《关于建立以国家公园为主体的自然保护地体系的指导意见》精神，经国家林草局批复同意，开展自然保护地优化调整试点工作，市政府办公厅印发《关于科学建立自然保护地体系试点工作方案》，加快建立分类科学、布局合理、保护有力、管理有效的自然保护地体系。四是实施主城区"两江四岸""清水绿岸"治理提升，全面加强江河自然岸线整治和保护。2019 年，完成坡坎崖绿化美化 577 万平方米，人均地区生产总值突破 1 万美元，高技术制造业和战略性新兴产业增加值分别增长 12.6%、11.6%。

（二）主要问题

虽然重庆市建设长江上游重要生态屏障取得了积极成效，但与维持长江上游乃至长江流域生态安全的要求相比还存在一定差距。

1. 水环境质量持续改善压力较大

三峡库区是全国最大的淡水资源战略储备库，维系全国 35% 的淡水资源涵养和长江中下游 3 亿多人的饮水安全。重庆市部分流域系统性治理较差，水质不稳定，部分月份水质超标严重，加大了水环境质量持续改善的难度。此外，根据第二次污染源普查数据初步测算，农业面源污染已经成为水体的重要污染源之一，大部分水产养殖无尾水处理设施，农业废弃物回收体系不健全，资源化利用不足，部分区域存在化肥、农药过量使用和不合理使用等问题。

部分支流水污染现象易反复。2014～2018 年，长江干流重庆段水质总体优良，均达Ⅲ类及以上；长江支流水质不断趋好，Ⅲ类及以上水质比例呈上升趋势，Ⅳ类、Ⅴ类及以下水质呈减少趋势。2018 年重庆 42 个国考断面水质虽达到考核目标，但与"到 2020 年水质达到或优于Ⅲ类比例在 95.2% 以上"的要求仍有差距。例如主城区的桃花溪、碧溪河，以及临江河、梁滩河、花溪河、太平河、汇龙河等，经过多年整治，仍然是Ⅴ类和劣Ⅴ类水质河流。受农业面源污染、生活污水排放等问题困扰，渝东北地区的大宁河、大溪河、草堂河、长滩河、汤溪河、黄金河、池溪河、汝溪河等河流，"水华"现象时有发生，水环境质量形势不容乐观。

2. 森林草地资源不足导致水源涵养功能下降

重庆市以森林为主的绿色资源总量不足、分布不均、质量不高。全市人均森林面积、人均活立木蓄积量均低于全国平均水平，且主要分布在渝东北和渝东南。全市森林以马尾松、杉木、柏木纯林为主，密度大，低效林多，林地相对集中于海拔500米以上的低、中山区，林分结构和林地分布不合理。松材线虫病防控形势严峻，压力巨大。

全市草地资源面积503万亩，草地资源综合植被盖度为85.4%，高于全国30.1个百分点；但草地退化现象明显，全市草地退化面积近140万亩，约占草地总面积的27.7%。人均森林面积仅为全国平均水平的73%；湿地总面积不到区域面积的3%。近年来，资源开发等人类活动频繁，导致森林、草地、湿地日益萎缩。另外，因矿山开发等，渝东北局部地区出现岩溶塌陷、地下水水位下降、高位地表水断流、部分山坪塘干涸的现象。

3. 局部地区水土流失、石漠化形势依然严峻

根据2018年全国水土流失动态监测结果，全市水土流失占重庆土地面积的1/3以上；主城都市区水土流失主要集中于城镇开发和基础设施建设区域，侵蚀强度高，危害大；渝东北三峡库区及其消落带是重庆水土流失最严重的区域，现有水土流失面积1.61万平方公里，占三峡库区（重庆段）总面积的35%，占全市水土流失面积的62.6%；渝东南武陵山区林草植被覆盖度相对较高，但局部区域水土流失严重。根据2018年底重庆市第三次石漠化监测结果，全市岩溶土地总面积32680平方公里，占全市土地面积的39.7%，其中石漠化土地面积7730平方公里，占岩溶土地总面积的23.7%和全市土地面积的9.4%，占全国石漠化土地总面积的7.7%。

4. 物种和遗传多样性丧失的趋势未根本扭转

重庆物种丰富、生物多样，高等植物、兽类和鸟类分别占全国的

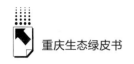
21.1%、18.8%和29%，是全球34个生物多样性关键地区之一。根据《中国物种红色名录：第一卷　红色名录》，重庆维管植物中近危及以上物种共402种，占6.8%；其中32种为极危、74种为濒危、188种为易危、108种为近危，受威胁指数为9.24%。外来物种入侵频率增加且分布范围广，威胁区域生态安全。长江水生生物多样性指数持续下降，多种珍稀物种濒临灭绝，中华鲟、达氏鲟、胭脂鱼等鱼卵和鱼苗大幅减少。在遗传基因层面，水稻、小麦、洋芋等一些主要农作物的本土品种面临消失；全市40%以上的畜禽遗传资源群体数量不同程度下降，许多优良的地方畜禽品种如合川黑猪、涪陵水牛等濒临灭绝。

自然保护地遗留问题较多。受过去技术条件限制及认识上诸多误区影响，部分自然保护地存在范围及功能区划定不规范不科学、交叉重叠严重、原住居民较多、历史遗留问题和民生矛盾较大等亟待解决的突出问题。地方级自然保护地基础设施和能力建设薄弱，管理人员数量少、专业技术水平低，不能满足自然保护地监督管理、科研监测、科普宣传的需求。

5. 环境质量持续改善压力较大

一是大气环境质量有待进一步改善。全市燃煤消费总量相对较大，铁路货运占比较低，中心城区货车通行量大，空气中二氧化氮浓度临界达标，加之受成渝城市群输入性污染及减排空间有限等影响，冬春季 $PM_{2.5}$ 超标易发，持续改善空气质量难度大。交通源大气污染占比呈上升趋势，污染治理压力依然较大。部分区县露天焚烧秸秆问题时有发生，秸秆资源化利用还需深入推进。二是土壤污染管理和修复任务艰巨。土壤环境管理与污染防治体系尚不健全，尤其在土壤污染治理修复模式和修复技术创新方面相对滞后，过度依赖财政资金支持，市场化程度不高。尾矿库环境监管体系有待建立和完善，尾矿库环境风险识别与排查需要进一步加强。

6. 环境安全风险防范存在薄弱环节

一是企业突发事件风险防控体系不健全。近五年来，生态环境部门在全市5894家已登记突发环境事件风险企业中共发现风险隐患5456个（其中涉水1038个、涉气105个、涉固体废物817个、其他3496个），部分企业还存在风险防控措施漏项情况，如南川区先锋氧化铝有限公司未在跨江的尾矿浆输送管道上设置防泄漏的收集槽和相关联的应急池，造成泄漏的尾矿浆直接进入河流。

二是尾矿库环境安全风险高处置难度大。部分老旧尾矿库建设不规范，管理措施不到位，一旦发生尾矿库生产安全事故，造成的次生突发环境事件应急处置难度大，后期生态环境治理修复任务艰巨。

三是企业环境安全主体责任未落实。企业对环境风险隐患自查自纠的监管体系不健全，近五年来生态环境部门发现的涉及企业环境风险隐患 2092个，部分企业未按规定开展突发环境事件隐患自查自改。

四是企业前期处置突发事件应急能力弱。全市 5894 家环境风险企业建有专兼职救援队伍 2422 支，占比仅为 41%，同时受资金投入、人员数量和能力素质等方面限制，除大型重化工企业有专职应急救援队伍外，多数企业均为兼职救援队伍，企业自救能力弱。

五　重庆建设长江上游重要生态屏障的重点举措

筑牢长江上游重要生态屏障，要围绕净化水质、涵养水源、保持水土、保护生物多样性等四大功能优化提升，坚持治山、治水、治气、治城一体推进，统筹山水林田湖草系统治理，守好山、治好水、育好林、管好田、净好湖、护好草，重点做好污染源控制、植被恢复、环境综合治理、生物多样性保护等方面的工作，确保长江上游乃至长江流域的生态安全。

到 2025 年，全市森林覆盖率达到 58%，城市建成区绿化率不低于42%，生态保护红线面积不低于全市土地面积的 24.82%，自然保护地面积占全市土地面积的比例达到 16% 以上，年空气质量优良天数保持在 300 天以上，水生态环境质量达到或优于国家标准，受污染地块及受污染耕地安全利用率达 95% 以上，湿地面积保持在 310 万亩以上，新增水土流失治理面积 5000 平方公里，新增石漠化治理面积 2000 平方公里，新增矿山恢复治理面积 500 公顷。

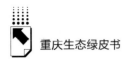

（一）加强国土空间管控，优化生态安全格局

一是科学划定国土空间控制线。严格划定生态保护红线、永久基本农田和城镇开发边界。其中生态保护红线必须确保生态功能系统完整、生态功能不降低、面积不减少、性质不改变；永久基本农田必须确保数量不减少、质量不降低、适度合理的规模和稳定性；城镇开发边界必须避让重要生态功能区，不占或少占永久基本农田。

二是推进国土空间分区管控。建立"优先保护—重点管控——般管控"的生态环境分区管控体系，实现生态管控区与行政区相分离。对于优先保护单元，要禁止或限制大规模、高强度的工业和城镇建设，倘若功能受损，要优先开展生态保护修复活动。对于重点管控单元，要不断优化空间布局，提高资源利用效率，切实解决生态环境质量不达标、生态环境风险高等问题。一般管控单元则主要是落实生态环境保护基本要求。

三是优化生态安全格局。以山为骨架、以水为脉络，以长江、嘉陵江、乌江及其支流三大水系生态涵养带和大巴山、武陵山、华蓥山、大娄山四大山系生态屏障为骨架，以国家重要生态功能区为支撑，以生态廊道、绿色廊道、城市绿地为补充，形成"三带四屏"的多层次、网格化的生态空间体系。长江、嘉陵江、乌江及其支流三大水系生态涵养带，要把水质净化、水源涵养和土壤保持等水安全放在优先地位，按照生态优先、精细管控、综合平衡的原则，处理岸线保护和利用的矛盾。大巴山、武陵山、华蓥山、大娄山四大山系生态屏障要把生态保护和生态涵养放在优先位置，发挥水土保持、水源涵养和生物多样性保护等生态功能，加强国土综合整治和山水林田湖草生态保护修复，积极争取核减坡耕地、生态保护红线及自然保护地范围内破碎化严重的部分耕地，为生态屏障建设留出用地空间。缙云山、中梁山、铜锣山、明月山、云雾山等23条平行山岭廊道，以及大宁河、涪江、阿蓬江等37条一级支流的市域景观生态廊道，要营造"山青、水秀、林美、田良、湖净、草绿"的自然环境，推动山、城、人和谐相融。

（二）生产生活两端发力，严控污染源，保障水质安全

通过减少污染源，加强环境综合整治等措施，阻止或降低有害物质对水质的不利影响。为此，净化水质的核心就是控制污染源，重点加强工业污染防治、城乡生活污水处理、船舶码头污水和垃圾管理、农业面源污染综合治理、重点流域污染防治、农村环境综合整治、集中式饮用水源保护等。

一是继续实施水污染防治工程。实施城乡污水处理设施改（扩）建、提标改造和补短板项目，实现污水管网全覆盖、全收集、全处理，加强污水再生回收利用，探索建立小型分布式中水利用系统。推进工业聚集区污水深度治理，加强对重点行业特别是榨菜行业生产废水治理的指导和监管。持续开展污水偷排直排乱排专项行动，严厉打击非法排污行为。

二是实施"一江碧水·三峡平湖"工程。统筹推进长江保护修复、水源地保护攻坚战，实施玉滩湖、长寿湖、汉丰湖等湖泊水质提升项目，确保73个国考断面及三峡库区水质优良，严格落实长江流域禁捕工作，保护水生生物多样性。实施"绿色港口"提升工程，打造绿色化、智能化、集约化的优质港区。

三是推进"海绵城市"建设。在城市建设中充分保护、修复和恢复城市水生态系统，统筹建设城市雨水、污水系统，逐步实现"小雨不积水、大雨不内涝、水体不黑臭、热岛有缓解"的目标。

四是深化"黑臭水体"治理。加强重点河段、重要支流、重要水库的黑臭水体治理，补充河道生态用水，恢复河道生态功能，系统推进生态清洁型小流域建设。进一步巩固全市48段黑臭水体治理成效，确保无新增城市建成区黑臭水体。积极落实《农村黑臭水体治理工作指南（试行）》，开展农村黑臭水体排查和整治工作。

五是实施消落带和三峡库区一级支流回水区水华防治工程。对主城区两江四岸，巫山、巫溪、云阳、开州及奉节等地进行消落区环境综合治理工程，通过治理水土流失、减少农药化肥使用，加强对沿岸城市生活污水、工业废水和生活垃圾的处置监管，防止水体富营养化产生水华。

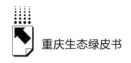
六是实施农业面源污染治理工程。开展畜禽养殖废弃物资源化利用，加快畜禽清洁养殖、粪污处理设施装备、粪污资源化利用等适用技术研发集成与推广应用。集成推广高效施肥技术，围绕粮、油、菜、茶、果等农作物，全面探索推进有机肥替代化肥行动。实施绿色防控替代化学防治行动，力争主要农作物病虫害绿色防控覆盖率达到50%以上。

（三）加强森林、湿地生态系统建设，提升水源涵养功能

水源涵养的核心是恢复植被，主要围绕森林、湿地、草地等生态系统保护与建设，退耕还林还草（湿）、湿地保护与湿地公园建设、矿山治理等工作展开。

一是实施"两岸青山·千里林带"建设工程。以提升江河两岸森林覆盖率、改善生态环境质量、美化生态景观效果为主要目标，在全面完成国土绿化提升行动3年目标任务的基础上，到2025年完成建设任务132万亩，其中森林数量提升82万亩、森林质量提升50万亩，确保森林数量明显增加，森林质量明显提高，生态景观明显改善，逐步在大江大河两岸形成"层林叠翠、四季花漾、瓜果飘香"的巴渝山居画廊。

二是实施"两江四岸"提升工程。坚持产城一体、城景互动、串珠成链，实施"两江四岸"核心区整体提升工程。完成中心城区"两江四岸"108公里岸线整治，提升水岸品质，优化城市形态，完善服务设施，强化交通支撑，激发城市活力，将两江四岸核心区建设成为传承巴渝文化、承载乡愁记忆的历史人文风景眼，体验山环水绕、观览两江汇流的山水城市会客厅，成为集中展示"山水之城·美丽之地"的城市名片。

三是实施"清水绿岸"提升工程。推进位于中心城区的清水溪等20条共计427公里次级河流全流域治理，还市民清水绿岸、鱼翔浅底的景象，打造开放共享的绿色长廊、舒适宜人的生态空间，增强市民获得感。构建以湿地自然保护区、湿地公园为主的保护体系，加强饮用水源地规范化建设。

四是深化城市绿地和坡坎崖绿化美化工程。将工程范围扩大到38个区县建成区，强化并巩固道路绿化带、坡坎崖等立体绿色空间建设和滨河绿化

带建设，完成 309 个 1323 万平方米坡地堡坎崖壁绿化美化项目，做到美学、艺术、园林相结合，努力打造人与自然和谐共处的美丽家园。

五是加强湖库湿地保护。建立重要湖泊、水库、湿地保护名录。对全市涉及饮水安全、水土流失、地质灾害问题的湖泊、水库、湿地，加强原生态保护，加强陆域、水域的控制，禁止在水源地准保护区内新设置排污口，积极培育生态涵养林。以三峡库区为重点区域，对库区沿线消落带进行湿地植被恢复，水生植物、野生动物栖息地恢复，使消落带湿地得到基本恢复。

（四）加强土壤修复和综合治理，提升水土保持功能

保两岸青山还一江碧水，主要围绕坡耕地综合治理、土壤修复治理、石漠化治理、消落带生态修复、矿山修复等工作展开。

一是实施水土流失和石漠化治理工程。继续争取国家支持，以保护治理和合理开发利用水土资源为基础，以正在实施的坡耕地试点项目、农发项目、中央预算内项目的易灾地区水土保持项目为重点，对全市水土流失区域实行综合性开发治理。以蓄水、保土、造林、种草为中心，综合运用生物措施、工程措施和管理措施合理开展石漠化土地综合防治。到 2025 年，新增水土流失治理面积 5000 平方公里，新增石漠化治理面积 2000 平方公里。

二是实施矿山生态修复。加快对位于南山、玉峰山等的全市历史遗留和关闭矿山进行生态修复治理，对全市 4901 公顷的受损毁土地进行修复治理。优先开展长江两岸 10 公里范围内、自然保护区、"四山"管制区及生态保护红线管控范围内的矿山地质环境治理恢复和土地复垦工作，力争在 2030 年前全部完成。

三是实施广阳岛及生态岛链示范项目。在广阳岛开展长江经济带绿色发展示范工程，同步推进国家"绿水青山就是金山银山"实践创新基地建设，争取设立生态文明干部学院，在广阳岛、广阳湾、生态城实施护山、理水、营林、疏田、清湖、丰草、护带等 83 个项目，开展 GEP 核算，将广阳岛打造成为"长江风景眼、重庆生态岛"。立足江心绿岛的自然生态资源和历史人文资源，充分利用和发挥江心绿岛及周边区域的山水环境特色，将广阳

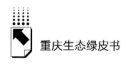

岛、中坝岛、桃花岛、黄花岛等"六岛"打造成为长江生态岛链，作为重庆建设"山水之城、美丽之地"的江上明珠，在"两江四岸"城市发展轴上串珠成链。

（五）保护生物资源和修复栖息地质量，维持生物多样性

维持生物种类的多样性，主要围绕生态环境、物种和遗传物质三个层次开展自然保护区建设、濒危物种迁地保护、物种基因库建设等工作。

加强生物资源保护。开展珍稀濒危物种保护，建设生物多样性监测、预警和信息网络平台，加大国家级和市级重点保护野生动植物保护力度，确保现有种类不减少。建设三峡库区生物多样性基因库，加强珍稀动植物资源的保护和科学利用。加强陆生野生动物疫源疫病监测站点网络建设，禁食野生动物，加强珍稀野生动植物抢救。建立外来入侵物种数据库和信息系统，提高全市生物物种资源检验检疫能力。

推进自然保护地优化整合。遵循"保护面积不减少、保护强度不降低、保护性质不改变"的总体要求，推进自然保护地优化调整工作，着力解决自然保护地存在的交叉重叠、范围和功能区划定不科学不合理、生态保护与脱贫攻坚存在矛盾等突出问题。加强自然保护地生态廊道建设，实现主要生态斑块的自然衔接，促进不同海拔梯度、不同区域内物种基因的有效交流，改善动植物生境。

推进自然保护地监管能力建设。开展自然保护地强化监督工作，坚决查处各类自然保护地内违法违规行为，确保各级各类自然保护地划得实、管得住。

（六）强化减污降碳，提升人居环境质量

一是继续实施大气污染防治工程。实施交通污染治理、工业污染防治和中小微企业挥发性有机物治理项目8000余个。强化交通污染治理，推广改性沥青路面，实施中心城区高排放车限行，加大新能源汽车推广力度；强化工业污染防治，严控煤炭消费总量确保不增长，继续推进燃煤锅炉淘汰和锅

炉"煤改气""煤改电"工程，实施燃气锅炉低氮燃烧改造；强化中小微企业挥发性有机物治理，通过使用低 VOCs 含量原辅材料，以及深度处理工艺改造、废气集中收集、末端治理，控制挥发性有机物排放。

二是继续实施土壤污染防治工程。落实国家土壤环境管理与污染治理方面的技术规范和政策体系，摸清土壤污染现状，强化土壤污染分级分类管控，加强工业企业原址污染场地修复治理工作。系统谋划和实施尾矿库污染防治，全面开展尾矿库渣场基本状况调查和监测评估，完善尾矿库污染名录。

三是继续实施固体废物减排工程。淘汰涉重金属行业落后产能，确保重点行业的重点重金属污染物稳定达标排放；逐步开展全市"无废城市"建设，强化固体废物精细化全过程管理，全面提升固体废物污染防治和综合利用水平，加快建设固体废物智慧管理平台，推动形成高效协同的城市固体废物管理体系。

四是开展农业废弃物资源化利用。开展废弃农膜回收利用，加快建立全市废弃农膜回收体系，在 15 个区县开展加厚和可降解地膜推广示范。开展农作物秸秆综合利用和试点示范，指导区县建立秸秆综合利用台账，加强秸秆就地还田利用。推进农膜回收率及农作物秸秆综合利用率持续稳步提升。开展农药肥料包装废弃物回收，在 20 个区县开展回收试点，建立市负总责、县乡抓落实，生产者、销售者、使用者履行各自责任的回收分级负责制。

五是大力推动"双碳目标"实现。坚持清洁低碳可持续发展方向，全面实施"两个替代"（能源开发实施清洁替代，能源使用实施电能替代），促进"双主导、双脱钩"（能源生产清洁主导、能源使用电能主导，能源发展与碳脱钩、经济发展与碳排放脱钩），加快形成以清洁能源为基础的产业体系和绿色生产生活方式，探索建立碳排放总量控制制度，扎实开展重点行业二氧化碳排放达峰行动，促进重点区域、重点行业尽早达峰。

（七）强化环境风险防控，提升生态安全水平

一是强化环境风险防范。加强对长江航运、高速公路货运等交通运输管

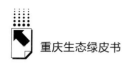
控，严防因交通运输事故造成次生突发环境事件。对危险废物的产生、储存、运输、处置及回收利用进行全流程监控。严禁在长江干流岸线及主要支流岸线 1 公里范围内新建重化工、纺织、造纸等存在污染风险的工业项目，5 公里范围内新布局工业园区。

二是强化隐患排查治理。依法依规推动落后产能退出，严把建设项目环境准入关口；实施"安全生产专项整治三年行动"，加强 430 余家沿江环境风险企业、码头，4 个沿江化工园区环境风险隐患排查治理；加强安全生产隐患排查治理，避免因生产安全事故引发次生突发环境事件；加强突发环境事件隐患排查治理，督促企业不断完善突发环境事件风险防控措施，提升突发环境事件防控能力。

三是加强区域协作。加强成渝地区双城经济圈生态共建和环境共保，加快建立一体化联席会议制度，协同推进环境标准体系、信用体系建设，深化跨流域跨区域生态保护合作。深化云贵川渝四省市生态环境联防联控。健全横向联动、纵向衔接、定期会商、高效运转的生态环境联防联控工作机制。持续开展长江经济带大气、水、生态环境共建共治，深化联合监测执法、应急联动、生态补偿、信息共享、保护协作等机制，构建信息化管理平台，促进长江干流及主要支流水质、区域空气质量不断改善。

参考文献

傅伯杰、王晓峰、冯晓明等：《国家生态屏障区生态系统评估》，科学出版社，2017。

肖良武：《西部生态屏障建设与经济增长极的培育》，人民出版社，2018。

陈国阶：《对建设长江上游生态屏障的探讨》，《山地学报》2002 年第 5 期。

于志磊：《区域生态屏障建设及水文效应研究——以长江流域（宜宾至重庆段）为例》，硕士学位论文，中国水利水电科学研究院，2016。

王玉宽、孙雪峰、邓玉林等：《对生态屏障概念内涵与价值的认识》，《山地学报》2005 年第 4 期。

王玉宽、邓玉林、彭培好等：《关于生态屏障功能与特点的探讨》，《水土保持通报》2005 年第 4 期。

潘开文、吴宁、潘开忠等：《关于建设长江上游生态屏障的若干问题的讨论》，《生态学报》2004 年第 3 期。

王晓峰、尹礼唱、张园：《关于生态屏障若干问题的探讨》，《生态环境学报》2016 年第 12 期。

刘兴良、杨冬生、刘世荣等：《长江上游绿色生态屏障建设的基本途径及其生态对策》，《四川林业科技》2005 年第 1 期。

钟祥浩：《中国山地生态安全屏障保护与建设》，《山地学报》2008 年第 1 期。

郜志云、姚瑞华、续衍雪等：《长江经济带生态环境保护修复的总体思考与谋划》，《环境保护》2018 年第 9 期。

G.2

重庆筑牢长江上游重要生态屏障
体制机制研究

彭国川　卢向虎　吕红　孙贵艳　李春艳　张伟进*

摘　要：　重庆围绕净化水质、涵养水源、水土保持、保护生物多样性
　　　　　等生态功能，重点从制度、机制、政策等视角构建长江上游
　　　　　重要生态屏障建设的长效机制。生态屏障建设中存在工作机
　　　　　制不完善、生态用地与资金无法保障、生态屏障建设与经济
　　　　　发展矛盾突出等障碍。为此，在对国内外生态屏障建设经验
　　　　　进行总结的基础上，提出强化生态环境立法与制度保障、注
　　　　　重跨域生态环保协调统筹、加强生态用地与资金投入保障、
　　　　　注重生态环境监测监管体系建设、协调好生态建设与经济发
　　　　　展关系等建议。

关键词：　长江上游　生态屏障　体制机制

　　筑牢长江上游重要生态屏障是重庆深入贯彻习近平生态文明思想的生动
实践，是重庆发挥长江经济带绿色发展示范作用的上游责任，是重庆在推进

---

* 彭国川，重庆社会科学院生态与环境资源研究所所长，研究员，主要从事生态经济、产业经
济、区域经济研究；卢向虎，重庆社会科学院智库建设处处长，研究员，主要从事农业经济
政策、区域经济研究；吕红，重庆社会科学院生态与环境资源研究所副所长，副研究员，主
要从事环境与可持续发展、公共政策等领域研究；孙贵艳，副研究员，主要从事区域可持续
发展、生态经济研究；李春艳，副研究员，主要从事绿色发展、三峡库区百万移民安稳致富
等领域研究；张伟进，副研究员，主要从事环境污染治理、环境管理政策供给研究。

新时代西部大开发中发挥支撑作用的重大任务，更是重庆实现高质量发展的题中应有之义。

一　重庆推进长江上游生态屏障建设的政策实践

为贯彻落实习近平总书记两次视察重庆重要讲话精神，重庆系统谋划、全面落实、有序推进生态文明建设各项工作，肩负起保护好三峡库区一汪碧水以及建设长江上游重要生态屏障的伟大责任。重庆积极探索全域生态建设和环境保护体制机制，出台重要政策文件，围绕净化水质、涵养水源、水土保持、保护生物多样性等功能实施了多项重大建设工程，取得了较好的成效，长江上游重要生态屏障建设持续推进。

（一）初步建立长江上游重要生态屏障建设的制度体系

持续深化生态文明体制改革，不断完善"源头严防、过程严管、后果严惩"的生态文明制度体系，累计完成 46 项生态文明体制改革重点任务，出台 100 余份改革文件。一是在对全市土地资源、林木资源、水资源和矿产资源实物量进行核算的基础上，完成 2016 年、2017 年全市自然资源资产负债表试编工作。二是出台《重庆市贯彻落实领导干部自然资源资产离任审计规定（试行）实施方案》，试点开展领导干部自然资源资产离任审计，并在全市范围内逐步推进，2019 年首次实现该项目在全市范围的审计全覆盖。三是重庆境内流域面积 500 平方公里以上，且跨区县的 19 条河流提前 2 年全部签订横向生态保护补偿协议。四是推进生态环境保护综合执法改革，有序推进执法职能整合、执法队伍组建，规范机构设置、优化职能配置、健全执法体系、加强能力建设。五是圆满完成国家生态环境损害赔偿制度改革试点任务。出台《重庆市生态环境损害赔偿制度改革实施方案》，制定《重庆市生态环境损害赔偿磋商办法》等 9 份配套制度文件，在全市范围全面推进损害赔偿工作。六是出台《重庆市实施横向生态补偿提高森林覆盖率工作方案（试行）》，在全国首创"林票"交易制度。

（二）初步建立长江上游重要生态屏障建设的体制机制

生态环境治理责任体系。建立三级"双总河长"架构和四级河长体系。设立"双总林长"，市委书记、市长担任总林长，并在主城"四山"及江北等主城8区以及万州、江津、石柱等14个区县探索开展林长制试点。试点推进"山长制"，南岸、渝北等区试点建立了区、镇（街）、村（社区）、村民小组四级山长体系。

生态屏障建设资金保障机制。实施森林和流域横向生态补偿机制，已成交7.5万亩森林面积指标，金额达1.875亿元。建立林票制度、重点生态区位非国有商品林赎买试点、林地有偿退出机制试点，多渠道实现森林生态价值。探索林业投融资改革、城乡污水处理特许经营权制度，成立环保产业股权投资基金，多渠道筹集生态建设资金。

生态屏障建设监管机制。建成重庆市生态环境监测网络，全域基本实现环境质量、重点污染源、生态状况监测。建立环境监察督察制度，完善环保行政执法与刑事司法衔接机制。健全环保风险防范机制，及时妥善处理突发环境事件。

跨区域协同治理机制。与四川、云南、贵州签订《关于建立长江上游地区省际协商合作机制的协议》，建立生态环境联防联控工作机制。与贵州、湖南、湖北、陕西签订《共同预防和处置突发环境事件框架协议》，与四川签订《长江三峡库区及其上游流域跨省界水质预警及应急联动川渝合作协议》等，深入开展区域环境联合执法。

河长制、林长制。以河长制、林长制、整治污水偷排偷放、生态保护与脱贫攻坚双赢等专项工作为抓手，攻坚克难，着力解决突出问题。一是全面落实"河长制"，市委书记、市长担任市总河长，全市分级分段设置1.75万余名河长，连续2年发布总河长令，全市5300多条河流和3000多个湖库实现"一河一长"全覆盖，大力推行"双总河长制""民间河长制"，排查整治河道"四乱"问题500多处。二是积极开展"林长制"试点，印发《重庆市开展林长制试点方案》，在主城"四山"及远郊共15个区县开展试点，分级设立林长共 4800 余人，积极落实地方党委政府保护发展山林资源的责任，加强林业生态保护修复。

（三）初步建立长江上游重要生态屏障建设的政策体系

以《重庆市实施生态优先绿色发展行动计划（2018—2020 年）》为指导，建立了长江上游重要生态屏障建设的政策体系，为重庆市建设长江上游重要生态屏障确立了基本方向和实施路径。

在净化水质方面，先后制定了《重庆市污染防治攻坚战实施方案（2018—2020 年）》《重庆市"碧水行动"实施方案（2018—2022 年）》《重庆市贯彻落实土壤污染防治行动计划工作方案》等政策，为打好污染防治攻坚战，解决突出水环境问题提供系统治理思路和方法。

在涵养水源方面，制定了《重庆市国土绿化提升行动实施方案（2018—2020 年）》《重庆市公益林管理办法》，为提高全市森林覆盖率、增强森林生态系统功能提供了制度保障。

在水土保持方面，制定了《重庆市水土保持规划（2016—2030 年）》《重庆市水土保持目标责任考核办法（试行）》等文件，提出了水土流失综合防治体系，并对各区县水土保持工作进行严格考核。

在保持生物多样性方面，制定了《重庆市人民政府办公厅关于加强长江水生生物保护工作的实施意见》《重庆市生物多样性保护策略与行动计划》等文件，聚力修复自然生态系统，保护多样化生物资源。

另外，还制定了《重庆市人民政府办公厅关于推进长江上游生态屏障（重庆段）山水林田湖草生态保护修复工程的实施意见》，统筹主城区生态屏障建设。

二 重庆建设长江上游重要生态屏障的体制机制障碍

（一）推进生态屏障建设的工作机制有待进一步完善

生态屏障建设条块化分割现象严重。长江上游地区生态环境本底复杂、

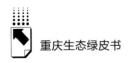

脆弱、敏感，大气污染、水体污染、水土流失、石漠化等问题较为突出。特别是面对跨区域、跨流域、跨山地的环境污染问题，难以形成治理合力，导致存在"监管盲区""三不管"地带。究其原因，主要是当前以政域为基本管理单元的属地管理模式，导致生态屏障建设主体和客体呈条块化、碎片化。

生态屏障各要素缺乏统筹。生态屏障建设是一项系统工程，涉及森林、湿地、草地、农田等生态要素的系统恢复和重建，涉及退耕还林、石漠化综合治理、矿山恢复、污水治理等多项建设工作。由于缺乏统筹，生态屏障的整体功能未能达到最优。

生态屏障建设工作尚未形成合力。生态屏障建设涵盖面广、综合性强，涉及林业、国土、水利、环保等多个部门。在实地调研中相关部门领导反映，生态屏障建设工作还处于条块分割的状态。由于缺乏统筹协调机制，不同部门根据各自分工开展生态屏障建设，各项工作尚未形成合力。

（二）筑牢生态屏障用地保障有待加强

根据重庆市国土绿化提升行动规划，到2022年，全市森林覆盖率将达到55%左右；力争在2030年全市森林覆盖率提高到60%左右，为重庆建设山清水秀美丽之地提供坚实保障。其中，2018~2020年全市计划营造林1700万亩，重点任务包括森林数量提升1185万亩、森林质量提升515万亩和提升林业经济效益。从完成情况看，2018~2019年，全市累计完成国土绿化提升行动目标任务1140万亩，占三年1700万亩目标任务的67%，2020年已落实560万亩国土绿化任务，但存在以下问题。

一是永久基本农田补划压力较大。重庆市2020年永久基本农田保护目标为2424万亩，但"三调"成果显示，2017年划定的永久基本农田中，有490万亩因实施退耕还林已变成了林地，按照国家相关要求需调出，并从一般耕地中补划，而重庆市划定的永久基本农田储备区仅222万亩，难以落实补划。

二是适宜退耕还林的坡耕地已存量不足。国家新一轮退耕还林政策要求不突破耕地保有量指标、不减少永久基本农田面积，且退耕地块必须是 15 度以上的坡耕地。2016 年，市政府向国家争取核减了耕地保有量 399 万亩、永久基本农田保护目标 210 万亩（主要是 25 度以上坡耕地永久基本农田）。《重庆市国土绿化提升行动实施方案（2018—2020 年）》同意将 25 度以上永久基本农田坡耕地纳入退耕还林范围。但随着退耕还林工程的逐步实施，原本符合政策的一般坡耕地，加上"调"出来的 25 度以上坡耕地永久基本农田仍不能满足重庆市退耕还林新增需求。"三调"成果也表明，重庆市适宜退耕还林的耕地大部分已经实施退耕还林，剩余空间不足 100 万亩，坡耕地存量有限。

三是符合退耕还林政策的坡耕地实施难度较大。根据"三调"成果，重庆市大于 25 度的坡耕地面积为 553 万亩，其中永久基本农田 281 万亩，且大部分已实施退耕，符合退耕还林政策的耕地面积较少。重庆市地处山区，地形复杂，耕地图斑破碎，导致符合退耕还林政策的坡耕地分布零散，交通不便，实施退耕还林工程难度较大，存在"地块该退退不了""农民想退退不了"等问题，且实施退耕还林后难以形成集中连片的规模效应和森林景观。

（三）筑牢生态屏障资金保障存在困难

一是生态屏障建设区县财政投入压力大。2017 年，重庆市用于生态文明建设的资金 3022873 万元，中央、市级和区县投入分别占 45%、20%、34% 左右；2018 年用于生态文明建设的资金 3903416 万元，中央、市级和区县投入分别占 40%、20% 和 39% 左右。即在中央财政对重庆市生态文明建设资金投入比例逐年变小、市级财政投入比例不变的情况下，区县财政压力存在逐步加大的趋势。以彭水为例，县级财政 2016～2019 年在水土保持、污染防治和地质灾害防治等方面投入资金 32.14 亿元，占同期财政支出的 10%。云阳自 2017 年以来生态屏障建设资金占上级转移支付的 60%，占同期县级财政支出的 15% 左右。在当前财政资金压力普遍较大的背景下，区县要保障生态屏障建设的资金难度较大。

二是生态屏障建设项目资金缺口大。由于生态屏障建设是一项系统性工作，包含项目众多、数量庞大，项目涉及资金面临较大的缺口。污水管网建设方面，如彭水县未建的乡镇污水管网约 200 公里，按照建设成本 200 万元/公里估算，资金需求约 4 亿元；农业面源污染治理方面，按照"全国有机肥替代化肥试点县级自筹不低于 40%"的要求，全市有机肥推广资金缺口达 9400 万元；植树造林方面，重庆市一般荒山造林成本在 2000 元/亩左右，三峡库区难利用地造林成本在 5000 元/亩左右，局部区域造林成本高达 7000~8000 元/亩，而目前一般森林生态系统修复工程政府投入仅 300~500 元/亩。

三是生态管护项目和相关基础设施建设资金缺乏。目前，生态屏障建设项目资金涉及的大多是和国家生态环境保护政策相关的重大生态建设项目，而对于生态管护和相关基础设施建设等环节，资金的覆盖面还不够。如彭水是重庆市 7 个森林资源大县之一，但森林防火、病虫害防治以及与之相关的基础设施建设项目少、投入低。

（四）筑牢生态屏障与经济发展矛盾亟待解决

一是补偿标准较低引起局部地区经果林与生态林的争地矛盾。一方面，生态林经济效益低且国家补助不足有毁林复耕的隐患。前一轮退耕还林以生态林建设为主，多发挥生态效益，基本没有经济效益。国家补助停止后，退耕农户家庭收入减少，生计会受到较大影响，毁林复耕的隐患将更加突出。虽然国家、市里已同意将符合公益林条件的生态林纳入森林生态效益补偿范围（每亩每年补偿 15 元），并对所有生态林每亩每年再补助 20 元（连续补助 5 年），但补偿补助标准太低，林农反映补助资金尚不如砍树卖钱或栽种经果林效益高。另一方面，三峡库区是重庆市水土流失最严重的区域，也是我国三大柑橘集中产区之一，柑橘、李子等经果林是沿岸百姓脱贫致富的主要收入来源。仅奉节脐橙就实现了"一棵树致富 30 万人"。受经济利益驱动，沿岸百姓有进一步扩大经果林种植面积的强烈冲动。由于经果林种植面积扩大，目前，三峡库区长江沿岸的山体土地裸露现象在部分区县已相当严重，局部山体甚至出现"天窗"，造成局部地段水土流失加剧。

二是自然保护地存在违规侵占和民生保障等方面问题。一些地方违反自然保护地管理规定，擅自利用优质生态资源发展旅游，甚至违法违规开发建设房地产，对生态环境造成严重破坏。如开州区铁峰山市级森林公园内有大量违规房地产开发项目。万盛经济技术开发区把黑山县级自然保护区的核心区和缓冲区划入旅游景区规划范围，从而造成保护区被部分房地产项目、旅游设施违法侵占。云阳港区规划作业区有6个位于小江湿地县级自然保护区内。城口大巴山、开州彭溪河湿地、彭水茂云山等不同程度存在违规建设问题。巫山五里坡国家级自然保护区内有44栋违建房屋，主要分布在核心区和缓冲区。同时，通过此次自然保护地优化整合，预计全市自然保护地内人口将从约164万人减少到约68万人，其中自然保护区内人口将从约58万人减少到约8万人，其核心保护区人口将从约15万人减少到约3万人。如何在坚持生态优先的前提下，统筹好上述原住民的生产生活保障问题，现在仍然缺乏相关的可操作性文件，且存在资金保障缺口的隐忧。

三是存在岸线资源合理化利用与生态保护的矛盾。全市长江自然岸线长度约1358公里，适宜建设港口岸线长度约180公里，与三峡库区消落带生态红线交叉重叠长度约65公里。从全市范围看，受水陆域条件、地形地貌、库区地质灾害等影响，全市适宜建港岸线长度仅占自然岸线的2%左右，港口岸线资源十分稀缺。而各类自然保护地、生态保护红线数量多、范围广，如长江干线永川至江津段全部处于长江上游珍稀特有鱼类国家级自然保护区，永川朱沱、江津油溪均处于其范围；三峡库区除沿江各区县的城区范围外，其余岸线基本全部划入三峡库区消落带生态保护红线范围。规划港口岸线几乎无法避免触及消落带生态红线，而生态保护红线则是按照禁止开发区域的要求进行管理。

四是存在沿江化工类企业布局不合理与生态保护的矛盾。重庆仍有少数化工生产等工业企业在沿江5公里范围内分布，岸线治理修复存在薄弱环节。中央第二轮生态环保督察反馈意见指出，万州区华歌生物化学有限公司2万吨四氯吡啶项目选址分布在长江干流1公里内，重庆白沙建设有限公司大量工业废水通过暗管直排长江。长寿区重庆钢铁股份有限公司位于距长江

岸线不到 800 米的山坡上，违规堆存约 30 万吨钢渣，且未采取有效的防淋防渗措施，导致超标淋溶液直排长江。重庆建峰工业集团有限公司、新涛高新材料科技有限公司等多家化工企业位于沿江 1 公里范围内，却没有纳入监管清单。上述问题折射出长江上游地区现有工业体系的系统性、结构性和布局性矛盾。

五是生态产品价值变现尚处于初级阶段。社会各界对生态产品的认识和理解尚处于起步阶段和摸索阶段。生态资源产权、生态补偿、生态价值评估与核算、绿色产品信用等一系列制度工具的不完善也阻碍了生态产品价值的合理实现，从而导致以政府为主导的生态产品价值实现力度不够，财政资金使用效率有待提高；以市场为主导的生态产品价值实现的投资回报周期往往过长，回报率也不高，内生动力不足。

三　国内外生态屏障建设的经验借鉴

（一）注重生态环境立法和制度建设

加强河湖环保立法。20 世纪 70 年代美国通过了《洁净水资源法》《安全饮用水法》等一系列有关环境保护的联邦立法。通过《洁净水资源法》等的实施，水污染状况得到了极大改善，基本实现了湖泊河流污染物零排放。瑞典政府在 20 世纪 50 年代前后，发布了《水法》《狩猎法》等 7 部保护自然法，随后，又相继出台《禁止海洋倾废法》、《机动车尾气排放条例》、《有害于健康和环境的产品法》及其条例等。1974 年瑞典颁布的宪法规定："必须以法律的形式制定包括狩猎、捕鱼，或者保护自然和环境在内等事宜的规章制度。"

建立严密的管理制度体系。日本于 1951 年通过修订《森林法》，首次以法律形式确定以国家制定森林计划为主的管理体系。到 1991 年，日本建立了森林计划制度体系，主要包括中央政府制定的《森林基本计划》和《重要林产品供需长期预测》，农林水产部制定的《全国森林计划》《森林经营管理计划》《保安林经营管理计划》，地区森林管理局制定的《地区森林计划》，市镇政府制定的《市镇森林经营管理计划》，以及森林拥有者制定的《森林施业计划》等，将国家的长期战略规划付诸实施，有利于国家对林业发展实行有效的行政指导。

（二）注重跨域生态环保协调机制建设

建立跨区域协调机构。1981年美国密西西比河成立上游流域协会，就密西西比河的开发利用与联邦政府机构开展沟通合作，并于20世纪90年代中期成立执行委员会，负责监督密西西比河主流水质标准的制定，以此来统一各州水质标准。加拿大联邦政府通过成立废物管理办公室，协调废物减量规划中的各个项目，并在各省、市政府机构和工业部门成立该办公室协调联系机构，以此保证规划的顺利实施。

成立跨流域协同管理机构。加拿大与美国建立五大湖污染防治中心，并与内陆水中心、Mc Master中心和圣劳伦斯中心联合起来，进行水污染防治。1950年成立的ICPR是莱茵河流域合作治理的核心机制，涵盖了政府间、政府与非政府、专家学者与专业团队的协调与合作，将治理、环保、防洪和发展融为一体。

（三）注重生态建设的资金投入

制定计划保投入。日本治山计划中，国家和地方共同负担经费的支出，其中国家占2/3，地方占1/3，除此之外，国家全额投资国有林治山事业。1960～2016年，日本完成了9期《治山事业五年计划》，总投资规模达到9.2万亿日元，特别是第9期达到3.77万亿日元，是第1期的22.6倍，且实现了投资规模50.8%的年均增长率。

制定政策保投入。瑞典通过制定多项优惠政策，鼓励各行业创新开展自然资源保护行动。其中对自愿开展荒溪治理和农田保护的，政府和欧盟各出资50%予以支持；对私有林业主进行荒地造林的，政府从专有资金中补助50%。杭州市在推进城镇净化、绿化、亮化、美化过程中，在保持原有预算

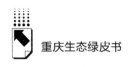
内各类生态建设资金及增幅不变的基础上，每年新增 10 亿元资金，用来推动城乡统筹生态环境建设。

（四）注重生态环境的监测监管体系建设

建立健全监测预警机制。保护莱茵河委员会为保证水体保护与治理的有效性，在莱茵河及其支流建立水质监测站，配套水质预警系统，并与莱茵河水文组织（CHR）共同开发"莱茵河预警模型"，对水质进行实时在线监测，防止突发事件发生。美国自 20 世纪 30 年代起，对河流、湖泊的生态环境和水的质量开展定期监测，且逐渐增加测量次数、监测站点数量，不断提高监测数据分析的准确度。

提高生态环境监管能力。甘肃实现了省、市、县三级环境监理机构标准化建设，重点污染源均实现在线监控，在黄河主要断面建立三座水质自动监测站，各市州政府所在地建成空气自动监测系统。还建立了由监控调度、现场指挥、应急监测、辐射监测构成的省以及市两级环境安全和污染事故应急预警系统。

（五）注重生态用地管理

制定完善的法律法规，全面、有效地保护生态用地。日本为保证推进土地开发利用的同时不破坏生态环境的平衡，1950 ~ 1972 年出台了《森林法》《自然公园法》《自然环境保护法》《矿业法》《采石法》《国土利用计划法》等，严格控制和规范土地开发行为。日本最新国土规划"六全综"，明确提出通过形成广域绿色生态网络来实现对自然的保护和生态的平衡。

制定以生态保护为重点的空间规划，对土地生态功能实施动态监测，保障生态用地。德国通过空间规划专门划出 580 个天然林保护区、12 个生物圈保护区、12 个国家公园和 5171 个自然保护区、85 个自然公园等不同类别的生态保护区，严格保护生态用地。除此之外，德国还对土地生态功能实施动态监测，保证及时发现生态用地管理中存在的问题。

（六）注重协调生态建设与经济发展的矛盾

允许特许经营与可持续经营。三江源国家公园内划定了藏药开发利用、生态体验、环境教育等特许经营活动的范围，鼓励牧民以入股、租赁、抵押、合作等方式，将草场、牲畜等流转给合作社，把草场承包经营权转为特许经营权，使牧民能享受生态产品带来的长效收益。日本在森林经营中，积极引进和补种阔叶树，促进复层林和长伐期施业，大力推进了森林间伐和国产木材的利用。

因地制宜推进资源开发与保护。以资源开发与保护带动经济发展，促进生态与经济协调发展。田纳西河流域通过水坝建设与梯级开发，实现防洪、航运、发电等，又建立示范农场、良种场和渔场等，全面发展农、林、牧、渔业。新疆"三北"防护林工程中，大力发展特色种植业，大量种植红柳、沙枣、沙棘、红柳、梭梭等，不但起到防风固沙的作用，还给当地农户带来了收入，实现了生态效益和经济效益的双赢。

四 完善长江上游重要生态屏障建设体制机制的建议

（一）强化生态屏障建设的法制保障

1. 加强长江上游生态屏障建设立法

面对长江上游地区存在的突出环境污染问题，应进一步强化法律法规的保障作用，以法律为武器，筑牢长江上游重要生态屏障。一是制定并出台针对性强、问题导向明确的长江上游地区生态保护法律及地方性法规体系，以立法的形式明确企业、个人的各项行为，强化生态屏障建设中的一体化法制思维。二是建议全国人大开展生态环境损害赔偿及诉讼程序的立法工作。三是推进《重庆市长江三峡水库库区及流域水污染防治条例》的修订，出台涉及生态红线、污染地块土壤环境保护、辐射环境污染防治、自然保护地等领域的具体管理办法。

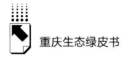

2. 加强执法和监管

一是深入实施《中华人民共和国长江保护法》，进一步明确国家相关部门、流域管理机构、地方人民政府的职责边界，明确流域涉水行为、跨流域水事处理、水资源统一调度等法律规定。二是严格执法，坚持依法监管、严字当头，深入强化全天候、全流程、全覆盖的监管机制，相关执法及其他司法部门应用好用足法律法规手段，严肃查处破坏生态环境的违法犯罪行为。三是进一步加强相关环境法律法规的普法宣传教育，让守护清水绿岸成为全社会的自觉行动。

3. 完善生态文明制度体系

结合党的十九届四中全会精神，从实行最严格的生态环境保护制度、严明生态环境保护责任制度、全面建立资源高效利用制度、健全生态保护和修复制度等4个方面，完善生态文明制度体系。构建以排污许可制为核心的固定污染源监管制度体系，完善污染防治区域联动机制与水陆统筹的生态环境治理体系。加强农业农村环境污染防治。健全资源节约集约循环利用政策体系。大力推行垃圾分类和资源化利用制度。推进能源革命，构建清洁低碳、安全高效的能源体系。强化环境保护、自然资源管控、节能减排等约束性指标管理，严格落实企业主体责任和政府监管责任。推进生态环境保护综合行政执法，落实中央生态环境保护督察制度。

（二）强化生态屏障建设的协调统筹机制

1. 尽快出台"长江上游重要生态屏障建设总体规划"

明确核心内涵、基本功能、建设内容、空间布局，指导生态屏障建设；研究制定专项规划，合理确定各专项的生态功能和目标，统筹安排确定重点突破口与重点工程，确保建设的系统性。统筹整合多个部门、多处资金、多类项目，明确近期、中期、远期工作目标及工作举措，作为筑牢长江上游重要生态屏障的工作指南。

2. 建立生态屏障建设统筹协调机制

加强市深入推动长江经济带发展加快建设山清水秀美丽之地领导小组的

统筹领导，市发改委、市财政局、市规划自然资源局、市生态环境局、市住建委、市城市管理局、市交通局、市水利局、市农业农村委、市林业局等市级相关部门及各区县要切实履责、分工协作，形成齐抓共管的工作合力。要在大气、水、土壤、森林、生物多样性等重点领域建立协作共建机制。加强生态屏障建设相关部门在法律保障、规划编制、方案实施、过程监督、效果评价等各个环节的协同配合。

3. 强化生态屏障建设的监测考核

建立生态屏障建设监测评估机制，推动长江上游重要生态屏障土地资源、水资源的承载力和环境容量等生态功能定量研究和动态监测，确定各区县资源环境承载能力和超载等级，制定分层分类管控措施。完善生态屏障建设目标考核体系，制定生态屏障建设目标考核办法，出台生态屏障评价指标体系等文件，对各区县生态屏障建设工作实行专项评价考核，压实区县工作责任。

（三）进一步加强生态用地保障

1. 积极拓展生态用地空间

一是以长江上游水土保持为生态建设目标，积极争取核减大于25度的坡耕地、生态红线范围内及长江岸线1公里范围内的部分耕地，减少重庆市耕地保有量和永久基本农田保护目标，落实"两岸青山·千里林带"建设的生态空间。

二是积极申请核减部分耕地指标。对重庆市国家级自然保护地范围内禁止人类活动的永久基本农田按规定逐步退出；对不能实现水土保持的25度以上坡耕地、重要水源地15～25度坡耕地、严重沙漠化和石漠化耕地、严重污染耕地、移民搬迁后确实无法耕种的耕地等，综合考虑粮食生产实际种植情况，报请国务院同意有序退出，按实际情况实施还林还草还湿等生态建设。对于25度以上坡耕地，申请调减永久基本农田227.1万亩。

2. 合理确定国土绿化目标任务

一是根据"三调"阶段性成果，目前重庆市林地面积已占土地总面积

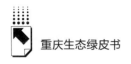

57.6%。鉴于当前适宜退耕还林的耕地余额紧张，建议近期不再大规模实施退耕还林。按照国家扩大退耕还林规模规划情况，对重庆市符合退耕还林条件的耕地实施特定范围、小规模退耕还林，实现应退尽退，满足生态屏障建设需求，并逐步实现2030年重庆市森林覆盖率达到60%的规划目标。

二是持续推进森林质量提升行动。转变工作思路，从植树造林国土绿化的单一数量目标向量质兼顾转变，对已有林地进行林相改造、补植补造、病虫防治、除草、抗旱、施肥、防火等改造和管护措施，提升林地质量。提升已实施退耕还林耕地的质量。更好地发挥水源涵养和水土保持等生态效益，缓解重庆市植树造林、国土绿化用地需求压力。统一调查数据，加强部门间联动，将退耕还林纳入国土空间规划"一张图"实行精准化管理。

3. 提高补助标准，确保应退尽退

建议国家根据经济社会发展水平及退耕地预期收益，将新一轮退耕还林现金补助标准提高到每亩2000元，同时明确退耕还林地在未确权变更登记前继续享受耕地地力保护补贴。建议国家将符合公益林划分条件的退耕还林地，全部纳入中央生态效益补偿范围，并提高现行补偿标准，补助标准可参考国家延长期补助（每亩每年125元）或耕地地力补助（每亩每年100元左右）标准。建议国家对退耕还林商品林地块，出台林道建设、林下开发、产业发展、扶持经营主体、经营管护等补贴政策，或通过建立专项资金、林业贴息贷款等方式，支持林下经济、生态旅游、森林康养等后续产业发展，达到长期巩固发展退耕还林成果的目的。

4. 推进跨区县"占补平衡"，实现生态用地在更大范围调剂

一是符合退耕还林条件的地块，允许区县按先退后调的办法处理，并及时调减区县耕地保有量和永久基本农田面积；为促进退耕还林发展特色经济林，允许以乡镇（街道）为单位，适当对退耕还林地块作必要的调整，做到相对成片，以促进适度规模经营。

二是统筹考虑成渝地区双城经济圈和一圈两群等区域经济社会发展、产业布局、城镇化扩张等趋势，在坚守生态基本红线和保持生态质量持续稳定的前提下，部分区域布局国家重大建设项目和产业，其占用的生态用地和耕

地保有量可适当考虑从其他区域调整补划。

三是按照耕地"占补平衡"原则，因退耕还林减少的永久基本农田面积，由所在区县在辖区范围内进行耕地占补平衡；辖区范围内确难实现耕地占补平衡的，其不足面积可考虑在全市范围内统筹调剂，确保重庆市生态屏障建设重点区县退耕还林有地可用。

5. 推进生态用地指标交易

探索构建生态用地市场。探索建立生态用地分类体系，试点将农村地区闲置建设用地转为宜林地或宜草地等生态用地，进入生态用地交易市场，实现土地资源价值实现、生态建设用地增加和农村居民收入增加三赢。明确生态用地的具体类型和生态功能，并纳入城乡用地管理体系之中。建立全市生态用地市场，推进各区县退耕还林指标、生态用地指标交易。

（四）进一步加强生态资金投入保障

1. 合理保障区县生态建设财力

一是按照"谁受益谁付费"的原则，坚持事权和财权对等，合理完善中央—市级—区县的财政资金配比，优化转移支付结构，提高对生态屏障建设重点区县的财政投入力度，保障区县生态屏障建设的基本财力。

二是建立生态环境质量改善绩效导向的财政资金分配机制。按照"生态质量改善目标引导、奖惩双向激励结合、资金分配绩效导向"，加大对水、大气、土壤、生态功能区生态环境质量改善显著以及生态系统修复保护成效显著区县的财政转移支付激励力度。

三是建立基于重点生态功能区生态系统服务贡献的动态调节机制。强化重点生态功能区转移支付监测评价，加强监测评价与考核结果在转移支付资金分配中的应用。综合考虑区域发展定位和生态环境改善，推进将生态补偿作为落实"三线一单"的重要政策机制手段，通过生态补偿机制的利益调控功能保障地区发展权。

2. 多元化拓展生态建设资金投入渠道

一是争取国家财政和长江经济带各省区市共同出资，引导各类社会受益

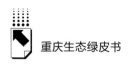

主体参与出资，设立生态补偿基金，形成政府主导、企业和社会各界参与、市场化运作、可持续的生态补偿投融资机制，加大对生态屏障建设工程项目的资金支持力度。

二是引导和鼓励社会资金投入生态屏障建设，创新建设主体，组成公私合作主体，构建新型的市场化建设机制。大力推行龙头企业、专业大户、专业合作社生态屏障建设责任与增效增收挂钩的模式。

三是完善碳排放权、排污权、水权、林票等的交易方式，拓宽资金渠道。选择市内部分有条件的区县开展生态环境损害补偿制度改革试点，从严落实环境污染者和破坏者的治理投入责任。

3. 提高财政资金使用效率

优化财政资金投入结构，从区县底层入手，摸清生态屏障建设的核心问题，保障关键项目、重点工程，把生态屏障建设资金用到真正所需的地方。加强资金拨付的顶层设计，合理配置生态屏障建设资金。在资金分配上，突出"绩效"，将政府绩效考评、生态文明建设目标考核、绿色发展指标体系建设等工作成果与市级转移支付政策有机结合，实现资金分配与生态保护成效相挂钩。

（五）进一步协调生态建设与经济发展

1. 有序解决自然保护地历史遗留问题

及时清退自然保护地体系内的违法违规建筑，根据地质条件逐渐恢复成林地、耕地。根据事权等级，建立以财政投入为主的多元化资金保障制度。安排资金对自然保护地核心保护区内原住居民实施生态搬迁，开展生态赎买和生态修复，对一般控制区内的自然资源给予生态补偿。逐步加大对自然保护地保护、运行和管理的投入。研究建立横向生态补偿制度，自然保护地占区域面积比例达不到全市平均水平的区县向高于全市平均水平的区县给予适当生态补偿。

2. 统筹推进长江岸线生态林与经果林建设

在长江沿岸第一层山脊线内严禁新建高切坡工程。因地制宜，合理布局生态林和经果林种植。在消落线以上50~100米范围，结合"长江岸线整治保护工程"，建设滨江景观生态隔离带；结合乡村振兴和农村人居环境整治，因地制宜发展特色经果林等产业，建设中山生态产业发展带；坚持保护优先、生态优先，加强自然保护与生态修复，建设高山生态防护林带；在三峡库区175米水位线消落区建设固土涵养带，建设消落区固土涵养隔离带。

3. 构建制造业绿色发展体系

坚持"政府引导、市场主导"的原则，遵循产业发展规律，加强规划引导，大力实施负面清单管理，充分发挥企业的市场竞争主体作用。优化产业布局，发挥各级各类开发区、工业园区的平台支撑作用，通过园区平台间的区际合作，推动产业链、创新链和价值链的匹配协同，实现资源跨区整合和优化配置，实现产业集群式、链条式、配套式绿色发展。聚焦技术、产品和企业三个关键环节，提高制造智能化水平，强化工业基础能力，加强质量品牌建设，发展服务型制造业和生产性服务业。全面推进绿色制造，大幅降低制造业能耗、物耗、水耗水平和污染物排放量、限用物质使用量，推动制造业与生态文明协调发展。

4. 积极探索生态产品价值实现途径

稳妥推进水流、森林、山岭、草原、荒地、滩涂等自然资源确权登记，积极探索"三变改革"、自然资源资产化和股份化等生态资源价值实现的市场化路径和机制。积极探索生态产业化发展模式。积极培育生态特色产业，发展生态旅游、康养产业、绿色高效生态农业、生物质能源、生物质材料、生物制药等循环经济、绿色经济、低碳经济，使其变成区域新的支柱产业和脱贫致富的重要收入来源，把长江上游重要生态屏障建设形成的生态生产力、生态效益产品转化为现实生产力和经济效益。

参考文献

刘举科、喜文华主编《甘肃国家生态安全屏障建设发展报告（2017）》，社会科学文

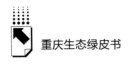

献出版社，2017。

刘举科、喜文华主编《甘肃国家生态安全屏障建设发展报告（2018）》，社会科学文献出版社，2019。

刘举科、喜文华主编《西部国家生态安全屏障建设发展报告（2019）》，社会科学文献出版社，2020。

孙海燕、王泽华、罗靖：《国内外生态安全屏障建设的经验与启示》，《昆明理工大学学报》（社会科学版）2016年第5期。

罗娅妮、耿云芬、裴艳辉：《加拿大林业发展对我国西南生态安全屏障建设的启示》，《西部林业科学》2015年第1期。

符蓉、喻锋、于海跃：《国内外生态用地理论研究与实践探索》，《国土资源情报》2014年第2期。

朱教君、郑晓：《关于三北防护林体系建设的思考与展望——基于40年建设综合评估结果》，《生态学杂志》2019年第5期。

孙鸿烈、郑度、姚檀栋等：《青藏高原国家生态安全屏障保护与建设》，《地理学报》2012年第1期。

牟雪洁、饶胜：《青藏高原生态屏障区近十年生态环境变化及生态保护对策研究》，《环境科学与管理》2015年第8期。

于信顺：《三北防护林创新建设探讨》，《绿色科技》2019年第3期。

绿色屏障篇
Green Barrier

G.3
重庆生态安全格局构建研究

代云川　张　晟　杨春华　彭国川　雷　波*

摘　要： 生态安全格局构建的主要目标是识别对区域可持续发展起重要作用的生态源和生态廊道。重庆栖息地质量空间分布差异显著，总体上呈现东北和东南高、西部和中部低的特征；栖息地质量在过去20年里总体上处于较低的水平；生态安全格局以森林构成的生态源为主，由呈放射状的生态廊道沿山、林将各个生态源连接。建议加强核心生态源地、生态廊道以及保护空缺的保护和脆弱生态区的修复。重庆生态安全格局研究有利于决策者出台相应措施，有效

* 代云川，助理研究员，主要从事生物多样性保护、自然保护地管理、气候变化等领域的基础性研究；张晟，重庆市生态环境科学研究院副院长，教授级高级工程师，主要从事水库生态系统结构及生源要素生物地球化学特征、水–陆交错带生物地球化学过程、生态系统演变趋势及受损生态系统修复技术研究；杨春华，教授级高级工程师，主要从事 RS 与 GIS 在生态环境保护中的应用研究；彭国川，重庆社会科学院生态与环境资源研究所所长，研究员，主要从事生态经济、产业经济、区域经济研究；雷波，教授级高级工程师，主要从事生态环境研究。

引导和限制无序的城市扩张和人类活动，指导土地资源的合理可持续利用与发展。

关键词：　生态安全　生态廊道　生态系统服务　电路理论

重庆作为长江流域生态系统敏感区和脆弱区，生态保护与经济发展矛盾突出。作为长江经济带"生态优先、绿色发展"战略实施的关键区域，如何开展精准的生态安全格局识别是实现重庆生态保护和环境治理能力现代化的重要抓手，也是破题"生态优先、绿色发展"实践、促进重要生态系统保护和永续利用的关键。重庆市作为中国西南山地生物多样性热点地区之一，近年来生物多样性保护已取得一定成效，区域内的动植物也得到了有效的保护，但重庆作为最年轻的直辖市，经济的快速发展也给当地生态环境带来了巨大压力，如何实现保护与发展之间的平衡，如何推动其可持续且快速发展，成为一个必须面对和解决的问题。

一　重庆地理环境概况

重庆市位于中国内陆西南部、长江上游，四川盆地东南部，东临湖北省和湖南省，南接贵州省，西依北靠四川省，东北部与陕西省相连，地跨东经105°11′~110°11′，北纬28°10′~32°13′，东西长470公里，南北宽450公里，辖区总面积8.24万平方公里，辖38个区县（自治县），为北京、天津、上海三市总面积的2.39倍，是中国面积最大的直辖市，其中主城建成区面积为747平方公里。重庆北有大巴山，东有巫山，东南有武陵山，南有大娄山。总地势为东南、东北部高，中、西部低，由南北向长江河谷逐级降低。地貌以丘陵、山地为主，境内山高谷深，沟壑纵横，山地面积占76%，丘陵占22%，河谷平坝仅占2%。重庆土壤类型多样，地带性土壤为黄壤，此外还有多种土壤类型分布（见表1）。

表1　重庆市主要土壤类型特征

单位：平方公里，%

土壤类型	总面积	占区域面积比例	分布地区
水稻土	110.10	13.36	800米以下的河谷阶地、丘陵、低山坡的溶蚀槽坝
新积土	2.96	0.36	河床一、二级阶地
紫色土	171.27	20.79	1400米以下的西部丘陵地区、涪陵、南川、丰都、云阳、忠县、万州、开州等
黄壤	199.39	24.20	500~1500米的低、中山和丘陵地带，长江及大支流沿岸三、四、五级阶地
黄棕壤	47.91	5.81	1500米以上的中山区（城口、巫山、开州、奉节、巫溪等）
石灰（岩）土	76.91	9.33	1500米以下的岩溶中山和背斜低山槽谷（涪陵、武隆、南川、万州、黔江等）
山地草甸土	2.15	0.26	1500~2700米的高山地带
合计	610.69	74.11	

　　作为第四纪冰川时期的优良避难所，重庆市保持了众多濒危与特有物种，尤其是渝东北和渝东南地区，是《中国生物多样性保护战略与行动计划》中大巴山区与武陵山区这两个优先保护地区的重要组成部分。当前，重庆市有自然保护区58个，森林公园87个，风景名胜区36个，国家地质公园7个，湿地公园22个，世界自然文化遗产地3个。市域内生态系统类型多样，包括森林、灌丛、草丛、草甸、湿地等类型；生物区系复杂，物种众多，全市范围内共有野生维管植物5890种，隶属于227科、1302属。全市共有蕨类植物631种，隶属于47科、123属；裸子植物42种，隶属于7科、25属；被子植物5217种，隶属于173科、1154属。全市共有野生脊椎动物865种，其中鱼类172种，两栖动物54种，爬行动物61种，鸟类432种，兽类146种[①]。

---

①　重庆市人民政府：《重庆市生物多样性保护策略与行动计划》，2010。

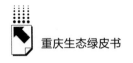
二 重庆生态环境问题

（一）水污染

虽然全市水质总体安全，但随着流域经济社会快速发展，三峡库区水质改善压力倍增，部分河段和湖库污染较重。长江干流受四川上游来水总磷浓度上升影响，重庆市境内长江朱沱等断面水质由多年的三类下降到四类，呈轻度污染；乌江流域受贵州上游来水总磷浓度长期超标影响，重庆市境内乌江万木等断面水质长期为五类，呈重度污染。在77条长期处于监测的次级河流中，仅赤溪河和大溪河等河流达标，其余河段黑臭现象，脏、乱、差问题突出。三峡库区支流富营养断面持续增加，2005年以来已累计发生水华100余次。

导致水污染的主要是流域生活污染、工业污染、养殖污染、面源污染、船舶污染以及流域水电开发、上游输入污染等7个因素。其中，生活污染方面，重庆市每年产生14.25亿吨废水，而全市污水处理设施年处理量12.6亿吨，每年有1.65亿吨废水直接排入水体。工业污染方面，出于历史原因，重庆城市和工业企业布局多在河流两岸，重庆市化学需氧量、氨氮排放量分别为39.18万吨、3.95万吨，随着区域经济社会的快速发展，污染负荷还将继续加重。面源污染是重庆市水环境安全的首要威胁，约占污染负荷的60%；养殖业污染问题日趋突出，化学需氧量排放量中因畜禽养殖污染进入水体的排放量与工业、生活废水排放量相当，而氮、磷排放量已超过工业、生活废水的排放量。

（二）大气污染

重庆市地处四川盆地边缘的丘陵低山地区，其大气扩散条件比湖北省、四川省、云南省、贵州省等都要弱；加之周边省市火电、水泥等重点企业排放的大气污染物的中、远距离传输，导致近年来重庆市以细颗粒物（$PM_{2.5}$）、臭氧（O_3）以及二氧化氮（NO_2）为主要代表性污染物的复合型污染特征显著。细颗粒物（PM$_{2.5}$）和臭氧（O$_3$）成为目前影响全市环境空气质量的主要污染物。细颗粒物（PM$_{2.5}$）作为首要污染物的天数在污染日中占比76%～88%，臭氧（O$_3$）作为首要污染物的天数在污染日中占比上升为12%～22%。主城片区因位于"两江"（长江、嘉陵江）和"四山"（缙云山、中梁山、铜锣山、明月山）之间的槽谷地带，受地理气象条件影响，细颗粒物（PM$_{2.5}$）年均浓度超标20%以上，主城片区上风向及周边的璧山、江津、合川、荣昌、南川等细颗粒物（PM$_{2.5}$）年均浓度高于主城平均水平1.5倍以上。NO$_2$年均浓度值呈上升趋势。

（三）土壤污染

随着地区经济发展，以矿产、旅游为主的资源开发成为产业发展方向，资源开发带来的土壤环境问题日益突出，重金属产业带来的土壤污染管理和修复任务艰巨，尤其在渝东南地区。由于重庆地区锰矿、汞矿资源丰富，锰产业在县域经济中占据主导地位。但是，早期粗放无序的锰矿开采与电解锰的发展，导致区域内众多锰矿尾矿库和不规范渣场的存在，给土壤环境造成了一定的破坏和环境风险。各种有害重金属进入土壤环境中导致农产品受到不同程度的污染。西南大学调查资料表明，1958～2018年，重庆近郊土壤pH值平均下降0.5～1.0，耕作土壤酸化面积已占44.5%～62.2%，平均为38.5%，略高于远郊地区。近几年来，酸性土壤面积逐渐扩大。以重庆发电厂为例，建厂几十年来，该厂周边土壤已由原先pH值6.5～7.5的中性紫色土变成了pH值5.6的酸性紫色土，含汞量、含铅量分别超过历史数据的4.5倍和3倍。

（四）水土流失

重庆市是我国水土流失重灾区，水土流失面积占重庆市区域面积的60%以上。主要集中在东北部巫溪县、奉节县、开州区、万州区、云阳县等区域，其次是东南部黔江区、彭水县等区域。主要分布在坡度较高、人为耕作强度较大的区域，主要原因是降水量大、坡度大导致土壤漏失严重从而产

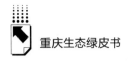

生水土流失问题，另外由于人为对植被造成的破坏，例如乱砍滥伐，大片林地被毁使土地丧失保水保土能力，伴随着降雨就会发生水土流失。在重庆市，渝东北地区是水土流失面积比重最大的区域，比重高达 43.86%。年均侵蚀总量高达 6016.42t/（km²·a），占重庆全市年均侵蚀总量的 56.54%。在水土流失面积中，各功能区中度侵蚀程度以上的区域占水土流失总面积的比重分别为：主城九区 61.33%，渝西片区 62.63%，渝东南地区 62.63%，渝东北地区 64.37%，渝东北地区所占比重最大。

（五）石漠化

重庆是石漠化最为严重的八省市之一，重庆石漠化土地主要分布在渝东南和渝东北两大地区，其次为南川区和綦江区南部等区域。渝东北地区石漠化面积较大，约 5016.77 平方公里，占区域总面积的 14.77%，其比重远远高于主城九区（石漠化面积比重为 2.84%）和渝西片区（石漠化面积比重为 3.72%），略低于渝东南地区（石漠化面积比重为 19.72%）。渝东北石漠化地区中，中度石漠化地区面积所占比重最大，为 7.76%；其次为轻度石漠化地区，所占比重为 5.08%；重度与极重度石漠化地区面积较小，所占比重为 1.92%。各级强度的石漠化土地面积所占比重均远高于主城九区与渝西片区，略低于渝东南地区。

（六）生物多样性丧失

重庆物种丰富，高等植物、兽类和鸟类分别占全国的 21.1%、18.8% 和 29%，是全球 34 个生物多样性热点地区之一。通过分析《中国物种红色名录：第一卷　红色名录》得出，重庆辖区内维管植物中处于危险状况的物种共有 402 种，占维管植物总数的 6.8%；其中 32 种处于极危、74 种处于濒危、188 种处于易危、108 种处于近危，受威胁指数高达 9.24%。外来物种入侵频率增加且分布范围广，威胁区域生物安全。长江水生生物多样性持续降低，珍稀特有鱼类资源大幅减少。在生物遗传资源层面，水稻、小麦、洋芋等一些主要农作物的本土品种面临消失；全市 40% 以上的畜禽遗传资源群体数量不同程度下降，许多优良的地方畜禽品种如合川黑猪、涪陵水牛等濒临灭绝。

三　重庆生态安全格局构建的数据来源及方法

（一）数据来源

采用由中国国家基础地理信息中心牵头研制并采集的 2000 年、2010 年、2020 年 30 米空间分辨率全球地表覆盖数据，该数据利用 30 米分辨率多光谱影像，采用基于像素分类—对象提取—知识检核的 POK（Pixel-Object-Knowledge）方法，是国际上分辨率最高的全球地表覆盖数据集。该数据运用了庞大的样本进行精度的验证，根据第三方验证，2000 年、2010 年 GlobeLand30 数据产品验证时，从全球 853 幅数据中抽取 80 个图幅，布设超过 1.5×10^5 个检验样本，2010 年的总体精度为 83.5%，Kappa 系数为 0.78；2020 年的数据的验证是基于景观形状指数抽样模型进行全套数据布点，共布设样本超过 2.3×10^5 个。2020 年的总体精度为 85.72%，Kappa 系数为 0.82。GlobeLand30 数据集对区域时空变化对比分析有着很大的帮助，提供了有效可靠的数据来源。GlobeLand30 数据总共包括耕地、林地、草地、灌木地、湿地、水体、苔原、人造地表、裸地、冰川和永久积雪等 10 个一级地类。

（二）生态安全格局识别

1. 技术路线

本研究基于三期全球 30 米地表覆盖数据和威胁源，采用 InVEST 模型的栖息地模块对重庆的三期栖息地质量进行评估，进而识别关键生态源；然后通过负指数转换函数获取三期景观阻力图层，并基于电路理论模型、三期生态源以及三期阻力图层识别重庆不同时期的生态廊道和生态节点，最后基于景观阻力构建重庆市生态安全格局（见图 1）。

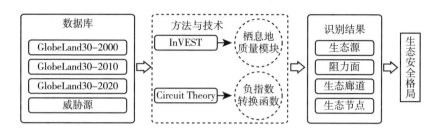

图1 技术路线

2.栖息地质量评估

本研究基于 InVEST 模型对重庆 2000 年、2010 年、2020 年的栖息地质量进行评估。InVEST 模型通常是指用于评估与衡量栖息地质量等一系列生态系统服务功能的一种生态模型。栖息地质量的分析主要是利用该模型中的栖息地质量模块来操作运行。该方法的核心是不同的土地利用类型可能成为威胁源,将栖息地质量与威胁源相关联,并计算威胁源对栖息地质量的不利影响,根据栖息地质量恶化条件和适当的栖息地质量条件计算出栖息地质量。生态源地所受到的威胁在空间上的衰减性可用线性或指数距离衰减函数来表示,其计算公式为:

线性衰减:

$$i_{rxy} = l - \left(\frac{d_{xy}}{d_{r_{max}}} \right)$$

指数衰减:

$$i_{rxy} = exp\left[- \left(\frac{2.99}{d_{r_{max}}} \right) d_{xy} \right]$$

式中,d_{xy} 表示两个栅格之间的距离大小;$d_{r_{max}}$ 为威胁因子可能影响的最大限度。

栖息地质量计算公式如下:

$$Q_{xj} = H_j \left[1 - \left(\frac{D_{xj}^z}{D_{xj}^z + K^z} \right) \right]$$

式中，Q_{xj} 为土地的不同利用类型中 x 栅格的栖息地质量指数；H_j 为 j 的栖息地质量适宜程度；K 为半饱和性质常数，一般为 D_{xj} 最大值的一半；z 为默认参数，通常情况下取值为 2.5。

InVEST 模型需要载入四套必要的数据，包括土地利用类型栅格数据、威胁源栅格数据、威胁源 CSV 文件和土地利用类型对各种生态源的威胁敏感性指数的 CSV 文件。在研究中，两个 CSV 文件中的参数是参照 InVEST 模型的用户指南和以往研究成果进行赋值的（见表 2、表 3）。

表 2　威胁因子影响范围及权重

威胁因子	最大影响距离	权重	空间衰减类型
耕地	3km	0.7	线性
裸地	2km	0.6	线性
人造地表	5km	0.9	指数

表 3　不同栖息地质量对威胁因子的敏感度

土地利用类型	栖息地适宜度	耕地	裸地	人造地表
耕地	0.3	0	0.5	0.25
森林	0.9	0.5	0.45	0.7
草地	0.6	0.5	0.55	0.35
灌丛	0.8	0.5	0.3	0.8
湿地	0.7	0.8	0.5	0.5
水体	0.8	0.65	0.4	0.55
人造地表	0	0	0	0
裸地	0	0	0	0

3. 关键生态源识别

生态源地是物种扩展以及维持的源头，其内涵包括提供关键性和重要性的生态性服务、景观格局表现出连续和完整等特性、对生态系统退化原因造

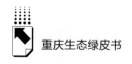

成的各种问题进行预防这 3 个最为重要的特点。确定生态源地是整个生态安全格局构建过程中的基础工作。在大部分情况下，把需要保护的对象作为源地，它可以是具有不同类型的生物物种，种族群落居住地的生态系统，具有普遍的象征性，并且足以表征研究区域的不同栖息地。为了能够更直观形象地展现栖息地质量在空间上的分布情况，在 ArcGIS 中将 InVEST 模型输出结果图分为 5 个等级，分别为最低（0 ~ 0.2）、较低（0.2 ~ 0.4）、中等（0.4 ~ 0.6）、较高（0.6 ~ 0.8）和最高（0.8 ~ 1）。

4. 景观阻力分析

物种对环境的利用可以看作空间覆盖和竞争管理的过程，必须通过克服其相应阻力来实现其覆盖与管理，阻力面也表现出物种和生态流扩散的趋势。由于物种在不同类型景观中运动会遇到某些阻力，阻力面的构建已成为物种扩散路径中克服阻力的基本内容。为了将栖息地适宜指数（Habitat Suitable Index，HSI）与低运动阻力联系起来，本研究取 HSI 的倒数，利用负指数变换函数将 HSI 转化为电阻值，其计算公式如下：

If HSI > Threshold → Suitable habitat → Resistance = 1

If HSI < Threshold → Non-suitable habitat/Matrix → Resistance = $e^{\frac{\ln(0.001)}{\text{threshold}} \times \text{HSI}} \times 1000$

式中，HSI 为栖息地适宜性指数，该指数由 InVEST 模型栖息地质量模块计算所得；为了构建最优生态廊道，本研究选取了 HSI 的 0.8 作为判别适宜栖息地质量与非适宜栖息地质量的阈值，当 HSI≥0.8 时，即为适宜栖息地（Suitable habitat），当 HSI < 0.8 时，即为非适宜栖息地（Non-suitable habitat）；Resistance 为电阻值，单位 Ω。

5. 生态廊道构建

基于 InVEST 模型输出的栖息地适宜指数图，使用电路理论（Circuit theory）模型模拟重庆市不同时期的生态廊道。电路理论模型以电路为基础，基于随机漫步理论（Random walk theory）将电路（Circuit）与运动生态学（Movement ecology）相结合，景观（Landscape）作为一个阻力图层，然后通过电流模式来模拟随机漫步者在景观源像元（Source cell）与目标像元（Target cell）之间的运动模式。电路理论模型通常用于野生动物迁移和基因流动的模拟，识别出具有重要生态学意义的连接区域并对其进行重点保护和管理，如生态廊道识别、人兽冲突风险扩散路径识别、野生动物廊道设计以及基因流模拟等。电路理论模型根据图论法（Graph theory）数据结构将能促进生态过程（如物种的迁移和扩散）的斑块赋予低阻力值，阻碍生态过程的斑块赋予高阻力值。

电路理论将景观异质图层（栅格）转换为由一系列节点（Node）组成的电路网络图（Graph），连接各栅格之间节点的电阻值（Resistance）和电导率（Conductance）大小不同，电阻值与电导率互为倒数，即电阻值越大越阻碍生态过程，电导率越大越促进生态过程，相关概念和生态学解释见表 4。图 2 为电路理论模型中栅格图层转为电路网络的示意图，白色栅格表示短路（Short circuit）区域，即该栅格的电阻值几乎为 0，电流（Current）和电压（Voltage）达到最大值，表示目标物种最有可能利用这些区域；黑色栅格表示无穷大的电阻值（零电导率），表示目标物种无法利用这些区域，在模型运行前需要将黑色栅格从电路网络图层中剔除，不纳入模型运算；灰色栅格的电阻值为 1 Ω。在电路网络构建中每个栅格被转化为一个节点（零电导率的栅格除外），用黑色圆点表示，两个相邻的短路栅格共享一个节点；各栅格之间通过电阻与相邻的 4 个或 8 个栅格相连，电阻（Resistance）用锯齿形表示。

Circuitscape 是一款基于电路理论来构建异质景观连通性的开源程序。本研究根据 InVEST 模型运算出的三期适宜栖息地图层，运用 Circuitscape 4.0 软件识别生态廊道。Circuitscape 运行参数设置为：①模型模式，成对模式（Pairwise mode）；②计算模式，使用平均电导率来替代电阻将各个栅格相连（Use average conductance instead of resistance for connections between cells）、低内存模式运行（Run in low-memory mode）；③出图选项，累计和最大电流图（Cumulative & Max current maps）、设置焦节点电流为零（Set focal node currents to zero）；④其他模型参数选择默认，有效电阻（Effective resistance）将对所有的配对节点进行迭代计算。

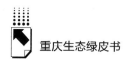

表4　电路理论中术语的概念和生态学解释

术语	概念和生态学解释
电流	电路中通过节点或电阻的电荷,可用来预测目标物种通过相应节点或边缘的概率,如较高的电流密度区可表示两个斑块之间存在重要的动物迁徙路径
电压	电路中两个节点间电荷的电位差,可以用来预测目标物种由图中任意一点到达另一个指定点的概率,即扩散概率(Dispersal probability)
电阻	导体对电流的阻碍作用,指的是某种阻碍物种迁徙和扩散的栖息地质量类型,与生态学中的景观阻力(Landscape resistance)概念类似
电阻器	传导电流的电子元件
电路	由电阻器连接的节点网络,用来呈现和分析景观图层(栅格)
短路	电阻值几乎为0,电流值达到最大。从生态学角度讲,如果两个栅格短路,则目标物种在这两个栅格之间的通达性最强
节点	连接栖息地斑块、种群和栅格的点
边缘	表示节点之间连接性强度,反映物种在节点之间的扩散能力
图	栖息地质量栅格图层转换为由一系列节点组成的电路网络
电导率	电阻的倒数,即电阻传导电流能力的强度,与生态学中栖息地质量渗透性(Habitat permeability)概念类似。栅格电导率的大小决定了该栅格是否可以被目标物种所利用;在种群遗传学中,电导率是评价相邻种群之间基因交流概率大小的关键指标
有效电阻	由电阻网络隔开的两个节点之间的电阻值,也称为电阻距离(Resistance distance),是成对节点或栅格之间的隔离度,类似于生态学概念中的有效距离(Effective distance),但它包含了多条路径;在种群遗传学中,有效电阻与平衡的遗传分化呈线性关系
有效电导	有效电阻的倒数,是衡量两个节点在网络中传输电流的能力

四　重庆生态安全格局核心要素时空演变

（一）重庆栖息地质量时空演变特征

在空间格局上,重庆市2000年、2010年和2020年的栖息地质量总体上呈现东北和东南高、西部和中部低的特征,栖息地质量空间分布差异显著。在栖息地质量高、生物多样性非常丰富、人类活动少和生态系统保护水

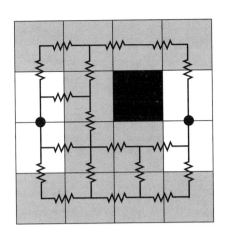

图 2　栅格图层转为电路网络示意

平高的地区，林地是占据相当大面积的土地利用类型。栖息地质量较高的区域主要位于东南和东北部，这些区域以林地为主，生物多样性较为丰富，生态环境良好；栖息地质量中等的区域主要位于南部，该地区受到石漠化危害和人为干扰的双重因素影响，导致该区域栖息地质量相对东北和东南地区较差；栖息地质量较低的区域主要位于西北部，该地区人类耕种活动频繁，生态系统和地表植被相对来说较为单一，生态环境容易受到外部因素的干扰；栖息地质量差的区域主要位于西部，该区域人类活动频繁，公路密度较大，人类对生态环境的干扰和破坏比其他区域更为严重。

在时间尺度上，从 2000 年、2010 年和 2020 年各等级的栖息地面积占比可以看出，较低质量的栖息地面积占比最高，均在 46% 以上，而最高质量栖息地面积占比在各时间段只维持在 40% ~ 43%，较低质量栖息地面积占比在各个时期均大于较高和最高质量栖息地面积占比，表明 2000 ~ 2020 年重庆栖息地质量总体上处于较低的水平，栖息地质量无明显改善（见表 5）。通过对比不同时期栖息地质量的变化发现，2000 ~ 2010 年，最低质量栖息地面积增加了 36.09%，西部地区栖息地质量明显降低；较高和最高质量栖息地面积增幅不明显，分别增加了 5.1% 和 2.72%。2010 ~ 2020 年，栖息地质量逐渐下降，表现为最低质量栖息地面积增加了 219.46%，而最高

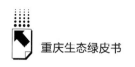

质量栖息地面积减少了 0.35% 。2000 ~ 2020 年，栖息地质量显著下降，表现为最低质量栖息地面积增加了 334.76% ，而较高和最高质量栖息地面积仅分别增加了 24.98% 和 2.36% ，栖息地质量下降区域主要集中在西部地区、北部地区以及长江沿岸。

表5　重庆市不同时期栖息地质量演变特征

单位：平方公里,%

分类	栖息地适宜性指数	2000 年		2010 年		2020 年	
		面积	百分比	面积	百分比	面积	百分比
最低	0 ~ 0.2	608.81	0.74	828.54	1.01	2646.84	3.21
较低	0.2 ~ 0.4	40618.97	49.27	40649.73	49.31	38418.64	46.6
中等	0.4 ~ 0.6	5941.63	7.21	4694.54	5.69	4927.31	5.98
较高	0.6 ~ 0.8	1523.88	1.85	1601.66	1.94	1904.62	2.31
最高	0.8 ~ 1	33745.33	40.93	34664.15	42.05	34541.21	41.9

（二）重庆景观阻力和生态源的时空分布特征

研究区的景观阻力斑块在 2000 年、2010 年和 2020 年均表现出西部和西北部的阻力值明显高于东北部和东南部。高阻力值斑块主要分布在研究区的西部、中部、北部等区域，这些区域人类活动过于频繁，当地生态环境受到的干扰和破坏程度较大，导致栖息地破碎，各斑块之间的连接度较低。低阻力值斑块集中分布在东北和东南部的山区，这些地区森林覆盖率较高，生态景观受人类活动的干扰较少，生态系统比西部地区更为完整。2000 ~ 2020 年，高景观阻力面在空间上有所扩大，表现为西部城区向周边郊区和长江两岸扩张。研究区生态源在不同时期均集中分布在东北部和东南部等栖息地质量和植被覆盖度高的林地，2000 年、2010 年和 2020 年生态源的总面积分别为 25858.02 平方公里、27640.86 平方公里、26958.35 平方公里，分别占研究区总面积的 31.37% 、33.53% 、32.7% 。2020 年的生态源面积相比 2010年有所减少，减少区域主要集中在西部地区。

（三）重庆关键生态廊道的时空分布特征

生态廊道是生态安全格局的重要组成部分，通常由连续性的带状区域组成。生态廊道具有连接生态源和相对孤立的栖息地斑块的作用，以增加生态系统的连通性。电路理论模型模拟结果显示，生态廊道呈"蜘蛛网"状串联研究区西部、东北部以及东南部。不同时期的生态廊道的空间分布存在显著差异，但总体而言南部和东部生态廊道较多，栖息地质量连通性阻力较低。2000~2020年，研究区东南部生态廊道数量呈现减少趋势，其他区域变化不明显。

五　重庆生态安全格局识别结果

（一）生态安全格局的分布

重庆市当前的生态安全格局总体上以森林用地为主的生态源为主体，以沿山、林带放射状生态廊道连接，包括23个生态源斑块、17个生态廊道集群和20个生态节点。生态安全格局主要包括西部地区的云雾山、缙云山、中梁山、明月山等生态区，东部和东北部的铁峰山、方斗山、齐岳山以及巫山等生态区，东南部的大娄山生态区。当前57.65%的自然保护地分布在重要生态源上，高达42.35%的自然保护地分布在非生态源上。另外，东部区域有一个重要保护空缺，当前不在保护区内，同时它也不在重要生态源上，但从目前生态廊道和生态节点来看这里是连接东北部和东南部重要生态源之间的垫脚石。

（二）生态安全格局的构成

研究结果显示，重庆生态安全格局主要由大型生态源地（即生态屏障）和低阻力的生态廊道构成。大型生态源地主要分布在典型的水源涵养和生物多样性保护的关键带上，而生态廊道则沿最小景观阻力路径连通各大生态源地，具体表现为：约32%的生态源地分布在渝东北的大巴山区，涉及开州、巫溪、城口等3个区县，构成了渝东北第一面生态屏障——大巴山区生态屏

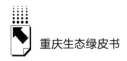

障区；该地区景观阻力小，景观的连续性与完整性较好。约14%的生态源地分布在七曜山区，与大巴山区共同构成渝东北生态安全屏障区，该地段出现了生态廊道恢复带和保护空缺，因此有必要加强该地区的天然林保护、退耕还林还草、水土流失和消落带的综合治理、河湖和湿地保护修复以及保护地的优化整合，以促进大巴区与七曜山区之间的景观连通性和生态系统完整性。约40%的生态源地分布在渝东南的武陵山区，涉及武隆、彭水、黔江、酉阳、秀山、丰都、石柱等区县，构成了渝东南武陵山区生态屏障区，该生态屏障是中国三大生物特有现象中心之一的"渝东—鄂西特有现象中心"所在地，是全球著名的生物气候庇护所，具有极为重要的生物安全战略意义。约6%的生态源地分布在渝西南的大娄山区，涉及江津、綦江、南川、武隆等区县，该生态屏障区的古老孑遗植物和特有植物种类多，是我国植物资源较丰富的区域之一。剩余8%的生态源地主要零散地分布在明月山、中梁山、云雾山、巴岳山、缙云山以及铜锣山等山地及其沿江峡谷地带，由低阻力生态廊道连通。

（三）生态安全格局空间演变因素

研究结果显示，重庆栖息地质量空间分布差异显著，总体上呈现东北和东南高、西部和中部低的特征；不同时期的较低质量栖息地面积占比均在46%以上，栖息地质量在过去20年里总体上处于较低的水平，栖息地质量无明显改善。其原因包括：①土地利用类型改变。2000～2020年，重庆市人工地表和裸地两类土地利用类型在空间上变化较大，表现为分布面积逐年递增，分布范围向四周扩散，这两大土地利用类型直接影响到整个重庆市的生态安全格局。人工地表面积增加主要是由城市的扩张引起的，而裸地面积增加的原因同时包含人为因素和自然因素，人为因素包括地表植被受到破坏导致土地裸化，而自然因素则表现为石漠化灾害，尤其在渝东南地区。②林地栖息地质量景观连通性下降。2000～2020年，重庆市林地破碎度加大，连接度和聚集度减小，表明林地生态系统完整性和连通性较差，改变生态安全格局。

六 重庆生态空间格局优化路径

（一）加强核心生态源地的管理与保护

强化重庆市 23 个核心生态源地的管理与保护。当前核心生态源地主要分布在渝东北大巴山区和渝东南武陵山区，由于林地在所有生态源斑块中所占比例较大，因此在强化生态源地保护时应当着重提升大巴山区、武陵山区及其邻近的重要生态功能区的林地栖息地质量景观连通性，其具体措施包括减少城市盲目扩张，鼓励区县及乡镇进行已开发区域的改旧换新项目，增大已开发区域的容纳量。林地空间连通度主要通过增加市域内林地面积尤其是对林地断缺位置进行填充解决，提高林地连通性对于重庆市生态环境改善有很重要的作用。生态空间破碎化程度的降低是生态空间格局优化的主要目标，空间连通度的提升是生态空间格局优化的主要手段。

（二）将保护空缺纳入保护地体系管理当中

当前重庆市自然保护地体系对物种适宜栖息地的保护并不充分，需进一步完善自然保护地体系的格局。空缺分析结果表明，在石柱县和万州区之间存在大面积的高密度生态廊道处于保护空缺状态。因此，建议在这些区域新增一些保护区，如在长江三峡、大巴山等生态区位重要、生物多样性集中、生态保护价值较大的区域创建面积较大且生态系统完整性较强的自然保护地，将这些保护空缺纳入现有的自然保护地中加以管理，提升渝东北地区自然保护地的系统完整性。此外，通过调整当前自然保护区的范围，将其周边保护空缺和关键生态源地纳入保护范围。

（三）推进生态廊道网络体系构建

加强对当前 17 条重要生态廊道的保护，构建关键生态走廊带；连通西部地区的云雾山、缙云山、中梁山、明月山生态区，东部和东北部的铁峰山、方斗山、齐岳山以及巫山生态区，东南部的大娄山生态区，促进物种在这三大生态区中的扩散和基因交流。在城市尺度上，强化长江、嘉陵江以及以湿地公园为主要生态廊道的保护与管理，促进河流、湖泊、水库等湿地系统的能量流动；加强湿地生态环境的修复，划分河道缓冲区以减缓人类活动对湿地生态系统的直接影响；在重点河道两侧种植乡土树种，合理配置群落结构，扩大绿岛控制范围；基于重庆市域的地下径流和地表径流特征，在径流阻断区域适度开凿一些必要的水渠，以增加市域内水体生态廊道的连通性。

（四）加强脆弱生态区的景观生态修复

加强石漠化地区和水土流失重点区的生态修复。石漠化治理可以明显提升区域内生态环境质量，使区域生态空间格局向好的状态转换。一是通过人工造林、封山育林、人工种草等措施，逐步恢复石漠化地区的植被。二是通过实施天然林保护、退耕还林、坡改梯等工程，遏制石漠化蔓延。水土流失重点区的生态修复应从以下几个方面进行：①根据工程开发建设方式和水土流失的特点，坚持"谁开发、谁保护、谁治理"的原则；②应当基于不同地区的地形、水文、气象、土壤等特征进行差异化植被恢复；③坚持预防为主、生态优先相结合的原则。强调预防为主、防治并重、综合治理为辅的原则。通过工程措施、生物措施和土地整理措施的结合，形成有效的水土流失防治体系。

参考文献

An, Y., Liu, S., Sun, Y. Shi, F. & Beazley, R., "Construction and Optimization of an Ecological Network Based on Morphological Spatial Pattern Analysis and Circuit Theory", *Landscape Ecology* 22 (2020).

Chen, J., Cao, X. Peng, S., & Ren, H., "Analysis and Applications of GlobeLand30: a Review", *ISPRS International Journal of Geo-Information* 6 (2017).

Chen, J., Chen, J., Liao, A., Cao, X., Chen, L., Chen, X. ... & Mills, J., "Global Land Cover Mapping at 30m Resolution: A POK-based Operational Approach", *ISPRS Journal of Photogrammetry and Remote Sensing* 103 (2015).

Dai, Y., Peng, G., Wen, C., Zahoor, B., Ma, X., Hacker, C. E. & Xue, Y., "Climate and Land Use Changes Shift the Distribution and Dispersal of Two Umbrella Species in the Hindu Kush Himalayan Region", *Science of The Total Environment* 777 (2021).

Nematollahi, S., Fakheran, S., Kienast, F. & Jafari, A., "Application of in VEST Habitat Quality Module in Spatially Vulnerability Assessment of Natural Habitats (Case Study: Chaharmahal and Bakhtiari Province, Iran)", *Environmental Monitoring and Assessment* 192 (2020).

Peng, J., Yang, Y., Liu, Y., Du, Y., Meersmans, J. & Qiu, S., "Linking Ecosystem Services and Circuit Theory to Identify Ecological Security Patterns", *Science of The Total Environment* 644 (2018a).

Peng, J., Pan, Y., Liu, Y., Zhao, H. & Wang, Y., "Linking Ecological Degradation Risk to Identify Ecological Security Patterns in a Rapidly Urbanizing Landscape", *Habitat International* 71 (2018b).

Qiu, J. & Turner, M. G., "Spatial Interactions among Ecosystem Services in an Urbanizing Agricultural Watershed", *Proceedings of the National Academy of Sciences* 110 (2013).

Xiao, S., Wu, W., Guo, J., Ou, M., Pueppke, S. G., Ou, W. & Tao, Y., "An Evaluation Framework for Designing Ecological Security Patterns and Prioritizing Ecological Corridors: Application in Jiangsu Province, China", *Landscape Ecology* 35 (2020).

陈昕、彭建、刘焱序等：《基于"重要性—敏感性—连通性"框架的云浮市生态安全格局构建》，《地理研究》2017 年第 3 期。

张蕾、危小建、周鹏：《基于适宜性评价和最小累积阻力模型的生态安全格局构建——以营口市为例》，《生态学杂志》2019 年第 1 期。

倪庆琳、侯湖平、丁忠义等：《基于生态安全格局识别的国土空间生态修复分区——以徐州市贾汪区为例》，《自然资源学报》2020 年第 1 期。

G.4
三峡水库消落带生态保护模式
与修复绩效评估

张晟　雷波　刘建辉　黄河清　杨春华*

摘　要：　三峡水库消落带对三峡库区乃至整个长江流域的生态环境、
　　　　　经济和社会发展影响深远，是筑牢长江上游重要生态屏障的
　　　　　重要抓手。通过卫星遥感、无人机和实地调查的"天空地"
　　　　　一体化技术手段，调查评估三峡水库消落带生态环境状况，
　　　　　梳理不同类型的保护与修复模式，并对典型生态修复技术绩
　　　　　效进行评估，提出差异化保护、制定分区分型保护与修复技
　　　　　术体系等三峡水库消落带保护与治理对策。

关键词：　三峡水库　消落带　保护与恢复模式　绩效评估

　　三峡库区处于我国内陆腹心地带，是长江流域最重要的生态屏障和国家
水资源安全重点区。三峡工程竣工后，形成了长约660公里、水域面积
1084平方公里、总库容393亿平方米的特大型年调节水库，即全国最大的

　　* 张晟，重庆市生态环境科学研究院副院长，教授级高级工程师，主要从事水库生态系统结构
　　及生源要素生物地球化学特征、水－陆交错带生物地球化学过程、生态系统演变趋势及受损
　　生态系统修复技术研究；雷波，重庆市生态环境科学研究院教授级高级工程师，主要从事生
　　态环境研究；刘建辉，重庆市生态环境科学研究院高级工程师，主要从事生态环境科学与资
　　源利用研究；黄河清，重庆市生态环境科学研究院高级工程师，主要从事野生动植物保护与
　　利用研究；杨春华，重庆市生态环境科学研究院教授级高级工程，主要从事 RS 与 GIS 在生
　　态环境保护中的应用研究。

淡水资源战略性储备库——三峡水库。根据水库"蓄清排浊"的方案，三峡水库蓄水水位为145～175米，从而形成垂直落差30米的消落带。三峡水库消落带是水位反复周期变化而形成的干湿交替区，属于库区生态环境中的关键子系统，是库区水陆生态缓冲与过渡区域，物质、能量交换场所，是体现三峡工程防洪、发电效益的重要空间区域，也是库岸带近千万城乡居民及百万移民生存发展环境的重要组成部分，是目前我国最大的人工湿地。三峡水库消落带的生态问题与库区的生态环境、经济、社会可持续发展密切相关，对三峡库区乃至整个长江流域的生态环境、经济和社会发展影响深远。

一　三峡水库消落带基本特征

三峡水库消落带特指三峡工程主要因防洪需要人为调节水位消涨而使被水淹没的土地周期性出露水面的区域，是库区四周从陆地到水域的水陆缓冲区、生态交错区、环境敏感区，是一种特殊的生态系统。

（一）三峡水库消落带分布

1. 区域分布

根据遥感解译调查，三峡水库消落带总面积为344.217平方公里，呈狭长空间分布，175米岸线长5578.21公里，分布于三峡库区26个区县，其中包括重庆市的巫溪、巫山、云阳、奉节、开州、万州、忠县、丰都、武隆、石柱、涪陵、长寿、巴南、南岸、大渡口、渝中、九龙坡、沙坪坝、渝北、江北、北碚、江津22个区县，以及湖北省夷陵、兴山、秭归、巴东4个区县。其中三峡库区重庆段消落带面积为298.055平方公里，约占总面积的86.59%（岸线长4881.43公里）；湖北段面积为46.162平方公里，约占总面积的13.41%。

库区26个区县消落带面积分布在0.250～42.304平方公里，平均为13.239平方公里，消落带面积的区域分布差异明显，呈现一定的区域性特征（见表1）。消落带面积较大的区县主要分布在涪陵—秭归段，且总体呈

重庆生态绿皮书

连续大面积分布，其中万州、开州、云阳、忠县、涪陵、秭归、巫山、奉节、丰都等9个区县面积为278.434平方公里，约占总面积的80.89%；面积较小的区域主要分布在库尾和支流上的区县，主要包括九龙坡、渝中、沙坪坝、大渡口、北碚、江津、武隆、巫溪、兴山9个区县，其消落带面积为11.114平方公里，仅占总面积的3.23%。

表1 三峡水库消落带区县分布情况

单位：平方公里，%

区县名称	面积	比例	区县名称	面积	比例
江津	0.460	0.13	忠县	33.731	9.80
渝中	2.228	0.65	万州	29.875	8.68
大渡口	2.120	0.62	开州	42.304	12.29
江北	5.927	1.72	云阳	36.404	10.58
沙坪坝	0.252	0.07	奉节	24.414	7.09
九龙坡	0.250	0.07	巫山	24.853	7.22
南岸	3.356	0.98	巫溪	1.529	0.44
北碚	0.753	0.22	巴东	10.874	3.16
渝北	6.564	1.91	兴山	2.297	0.67
巴南	10.101	2.93	秭归	27.377	7.96
长寿	7.489	2.18	夷陵	5.614	1.63
涪陵	41.832	12.15	湖北库区	46.162	13.41
丰都	17.644	5.13	重庆库区	298.055	86.59
武隆	1.225	0.35	三峡库区	344.217	100
石柱	4.744	1.38			

2. 流域分布

三峡库区干流消落带和支流消落带面积大致相当（见表2）。长江干流消落带面积为160.851平方公里，约占总面积的46.73%；支流消落带面积达到183.366平方公里（约占53.27%），其中小江、大宁河、乌江的消落带面积相对较大，分别为53.711、12.411、9.528平方公里，约占总面积的15.60%、3.61%、2.79%，其余支流消落带面积共约107.716平方公里（约占31.29%）。

表2 三峡水库消落带流域分布

单位：平方公里，%

河流名称	消落带面积	比例	河流名称	消落带面积	比例
长江干流	160.851	46.73	龙潭河	4.064	1.18
小 江	53.711	15.60	嘉陵江	4.046	1.17
大宁河	12.411	3.61	渠溪河	3.571	1.04
乌 江	9.528	2.79	大溪河	2.722	0.79
汤溪河	6.517	1.89	御临河	2.594	0.75
磨刀溪	5.983	1.74	长滩河	1.431	0.42
香溪河	5.684	1.65	龙 河	1.32	0.38
梅溪河	5.402	1.57	其他支流	64.382	18.70

3. 高程分布

不同高程消落带分布不同，中上部高程面积较大。三峡库区不同高程消落带面积分布特点为：下部高程145～155米范围内消落带面积最小，为68.845平方公里，约占总面积的20%；中部高程155～165米段消落带面积较大，为129.040平方公里，占总面积的37.49%；上部高程165～175米段消落带面积最大，为146.332平方公里，占总面积的42.51%。

重庆库区不同高程消落带面积变化与库区基本一致，面积随高程增加而增加。重庆库区下部高程145～155米段消落带面积为44.602平方公里，约占重庆库区的14.96%；中部高程155～165米段面积为122.112平方公里，占比40.97%；上部高程165～175米段面积为131.342平方公里，占比44.07%。

湖北库区不同高程消落带面积变化有所不同，下部高程消落带面积最大为24.243平方公里，占比52.52%；中部高程155～165米段面积为6.929平方公里，占比15.01%；上部高程165～175米段面积为14.990平方公里，占比32.47%（见表3）。

4. 坡度分布

根据三峡库区地形地貌特征和侵蚀特点，消落带坡度可分为五级，即＞60°、35°～60°、25°～35°、15°～25°和≤15°。

表3 三峡水库消落带不同高程面积分布

单位：平方公里，%

高程	三峡库区		湖北库区		重庆库区	
	面积	比例	面积	比例	面积	比例
145~155米	68.845	20.00	24.243	52.52	44.602	14.96
155~165米	129.040	37.49	6.929	15.01	122.112	40.97
165~175米	146.332	42.51	14.990	32.47	131.342	44.07
合计	344.217	100.00	46.162	100.00	298.055	100.00

消落带不同坡度的分布各异，其面积随坡度增加而逐渐减少（见图1）。总体上看，平缓坡相对较多，25°及以下面积达273.716平方公里，约占总面积的79.52%。其中≤15°面积最大，为209.613平方公里，约占总面积的60.90%，而15°~25°面积为64.103平方公里，约占总面积的18.62%。相对而言，陡坡消落带面积较少，25°以上面积为70.501平方公里，占总面积的20%左右，其中25°~35°、35°~60°、>60°三个坡度段的面积依次减少，分别占总面积的12.03%、8.06%和0.39%。

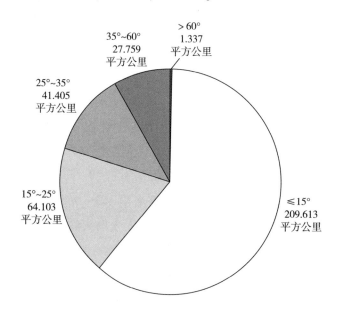

图1 三峡水库消落带不同坡度分布

不同坡度消落带面积区域分布特征明显。其中，重庆段缓坡消落带面积远高于陡坡，其25°及以下坡度消落带面积达到249.946平方公里，占重庆段面积的83.86%，超过其他坡度总面积的4倍。相对而言，湖北段缓坡消落带与陡坡消落带面积基本持平，25°及以下坡度的消落带面积达到23.770平方公里，占比51.49%；25°以上消落带面积为22.392平方公里，占湖北段的48.51%（见图2）。

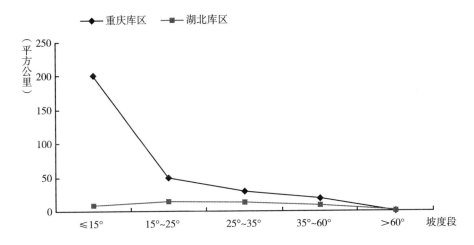

图2 三峡水库重庆段、湖北段不同坡度消落带面积分布

（二）三峡水库消落带典型特征

与长江天然消落带、其他国内大型水库消落带相比，三峡水库消落带在自然环境、人为因素等方面体现出突出的特征（见表4）。

三峡水库与国内其他大型水库一样，形成明显的消落带，主要受水库运行调节及自然环境本底的影响与控制，但其生态环境呈现不同特征。三峡水库是以长江为主的河道型水库，蓄水前长江天然消落带早已形成，其生态环境特征主要受自然枯洪季节的影响与控制。

1. 与库区长江段自然消落带相比的突出特征

三峡水库消落带分布的海拔高程较自然消落带高出数十至百余米，距自然消落带较高较远的城镇和农村变成与水库消落带紧邻。三峡水库消落带昼夜水位涨落相对平稳，而天然消落带汛期昼夜水位涨落幅度较大，一般涨幅可达 6 ~ 7 米，最大可超过 10 米。三峡水库消落带水位涨落季节与长江自然洪枯季节相反，天然消落带与自然洪枯规律一致，夏季常年平均水位在135.5 米左右，冬季在 125 米左右。水库消落带水位涨落为 30 米，远超过天然消落带的平均涨落幅度（19 米），其中万州以上区段水库消落带水位涨落幅度是天然消落带（12 ~ 15 米）的一倍以上，万州及以下区段天然消落带涨落幅度在 20 ~ 33 米，与目前三峡水库消落带接近。此外，水库消落带面积远高于天然消落带，并出现数平方公里的连片消落带，特别是开州新县城附近约 24 平方公里的大消落带和环绕忠县县城的消落带。

表 4　三峡水库、库区长江段及国内其他水库消落带基本情况

单位：平方公里，米

类目	三峡水库	库区长江段	其他水库
面积	344.217	200	小于 275
消涨幅度	30	19	10 ~ 15
消涨特征	反自然枯洪季节	自然枯洪季节	大部分为自然枯洪季节
形成时间	10 余年	历史悠久	30 ~ 80 年
底部物质组成	城镇遗址和园林地为主，低缓段多为沉积细粉砂和淤泥，粗砂、砾石较少	砂和卵砾石组成的河漫滩为主	多为出露基岩，少为淤积泥沙
周边情况	1 个特大城市、6 个百万级人口大城市、9 个区县城	1 个特大城市、6 个百万级人口大城市、9 个区县城	1 个或数个中小城市
人类影响	人类活动干扰相对频繁、强烈	与人类活动相对和谐	干扰程度相对较低

自然消落带历史悠久，生态环境及自然湿地生态系统已处于相对稳定状态，人类活动与其生态环境特征相协调，其主要组成物质为砂和卵砾石组成的河漫滩等，除局部江岸地质灾害和城镇农村污染外，基本没有其他突出的生态环境问题；三峡水库消落带是人工湿地，其底部物质组成中有大量淹没耕地和城镇遗址，且低缓段多为沉积细砂粉和淤泥，粗砂、砾石较少，几十

年后，水库消落带生态环境特别是生态系统才能初步稳定，人类活动和消落带才能初步和谐，在此期间易产生诸多生态环境问题。

2. 与国内其他主要水库消落带相比的突出特征

通过梳理吉林丰满水库、辽宁水丰水库、北京密云水库、山西古贤水库、青海龙羊峡和李家峡水库、河南三门峡、小浪底水库、湖北丹江口和葛洲坝水库、湖南东江水库、四川二滩和瀑布沟水库、贵州天生桥水库、浙江省新安江水库、云南乌东德水库、江西柘林水库、广东新丰江水库等国内18个大型水库消落带情况发现以下特征。

三峡水库的消落带面积最大，大面积连片消落带最多。三峡水库消落带面积达到344.217平方公里，而其他水库消落带面积均在275平方公里之内，其中新安江、柘林、三门峡、丹江口、小浪底、水丰等水库消落带相对较大，但仅为三峡水库消落带面积的30%~80%，且几乎没有类似的三峡库区开州大面积连片消落带和环绕城市各组团（如忠县）的消落带。

三峡水库消落带消涨幅度最大，呈反季节枯洪规律。三峡水库消落带涨落幅度达到30米，而其他水库消落带大多年份消涨幅度在5~20米，以10~15米最多，除三门峡、小浪底水库与三峡水库一样呈现反自然雨汛洪枯规律外，其余水库均遵循雨汛旱枯的自然规律，一般在4月水位开始上涨，6~8月或9月水位下落，如丹江口水库6月上旬降雨量增加水位上升，至10月达高峰（150~157米），11月至次年4月水位降至最低。

三峡水库形成时间较短，生态环境、生态系统尚不稳定。2003年三峡水库145米蓄水以来，消落带逐步形成，其底部物质组成中淹没的城镇遗址和耕地较其他水库多；而其他水库已形成了数十年，其生态环境、生态系统、库岸已处于稳定或基本稳定状况，水库消落带大多数为出露基岩岩石，原淹没土壤经数十年水浪和降雨冲刷已荡然无存，除三门峡、柘林、丹江口水库消落带淤积泥沙相对较多外，其余水库仅在库湾较大面积的平缓消落带和库中部分岛屿的消落带有淤积泥沙。

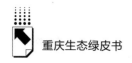

三峡水库消落带沿岸库带城镇、人口、产业尤其是工业密度远高于其他水库。三峡水库岸带分布有长江上游经济特大中心城市重庆主城区，万州、涪陵、江津、云阳、忠县、开州6个百万级人口大城市，人类活动频繁，易导致生态环境问题和风险凸显。而其他水库周边仅涉及1个或数个中小城市，其城镇、人口、工业密度相对较低，特别是龙羊峡、李家峡水库地处高海拔地区，人烟稀少，其消落带所受干扰程度、频率相对较低。

此外，三峡水库消落带地处长江河谷，属夏季炎热潮湿地区，且沿岸的重庆素有"火炉"之称，消落带成陆期气温一般高于其他水库。

（三）三峡水库消落带的主要生态环境问题

1. "黄金腰带"影响库区景观

三峡水库消落带水位涨落导致库岸植被退化和地表土壤大面积裸露，一条长江"黄金腰带"逐渐显现，破坏了三峡库区整体生态景观效果，加之库岸线城镇密集、人类活动频繁，一些生活垃圾和废弃漂浮物遗留在消落带，影响了库区沿线滨江城镇和重庆境内的涪陵白鹤梁、丰都名山鬼城、忠县石宝寨、云阳张飞庙、奉节白帝城、巫山小三峡、巫山神女溪等主要景点的景观质量，不利于周边区县旅游经济的发展。

2. 水土流失与土壤侵蚀仍然威胁库区生态环境安全

三峡库区仍是重庆市水土流失最严重的区域，2019年重庆市水土保持公报显示，重庆市三峡库区水土流失面积仍有15921.15平方公里，占土地总面积的34.49%。受生境急剧变化以及大幅度反季节水位涨落节律的影响，消落带植被显著退化，群落组成趋于简单化和均质化且处于不断变化中，植物种类由蓄水前的400多种减少到现在的100多种，残存植物多为一年生和多年生草本植物，加剧了库岸水土流失和土壤侵蚀，明显削弱库岸的稳定性。近年来，随着三峡库区库岸土壤－植被生态系统对库区变动环境的适应恢复，水土流失和土壤侵蚀情况虽有一定的好转，但形势依旧严峻，根据中国科学院长达十余年的研究成果，目前长江干流和支流消落带土壤侵蚀强度达到库区平均土壤侵蚀强度的16倍和

3 倍以上。

3. 土地无序利用导致入库污染负荷累积增加

三峡水库平缓坡消落带土壤质地条件较好，分布面积大（约273.716平方公里），与退水期（3～9月）"消热同期"，为消落带植物种植和生长提供了极为适宜的条件。由于三峡库区人均耕地面积不足1亩，人地矛盾突出，加之农民环保意识薄弱，消落带无序耕种情况屡禁不止，降低了土壤的水土保持能力。同时农民传统粗放的农作方式，使大量除草剂、化肥、农药和农作物残体进入水体，增加了水库污染负荷，成为长江水质的污染隐患。根据重庆市云阳县林业局提供的统计数据，2016年云阳县境内在枯水季节耕种的消落带土地达到4064亩，涉及各类人群3021户10774人。在丰都县，消落带季节性耕种涉及10个乡镇（街道）4839户16320人，消落带土地耕种面积4639.9亩，年均使用化肥315吨、农药4.5吨。

4. 保护与治理缺乏整体统筹和指导

消落带作为三峡库区生态环境的最后一道屏障，其保护与治理工作对于三峡水库生态安全和生态环境保护有着极为重要的意义。消落带保护与修复工作涉及面广、内容复杂、资金需求大，大多区县采取完全自然恢复的治理手段，而已实施的消落带生态修复项目缺乏长效监测评估机制，后期管护力度不够，导致修复治理效果不佳。

目前消落带保护与治理工作主要从实地调研、规划设计、修复治理、运行管理、监测评价等多方面开展，涉及多个部门和单位。但部门间未建立畅通的信息共享渠道，联动性较差，相关研究和治理成果未能实现有效整合。同时，三峡水库消落带保护与治理工作多呈现单兵作战模式，虽原国家林业局于2018年发布实施了《三峡水库消落带植被生态修复技术规程》，对不同高程消落带的植物栽植提出了较为原则的方法，但总体上仍缺乏统一的三峡水库消落带保护与治理技术规范和总体实施方案，对不同区域和类型消落带的保护与治理系统性指导不够，使得消落带保护与治理难以发挥整体生态治理效应。

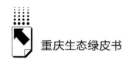

二 三峡水库消落带生态环境综合评估

（一）消落带生态环境评估指标体系的构建

1. 压力 - 状态 - 响应模型

水位涨落而形成的三峡水库消落带受到国内外的普遍关注，对其生态环境安全与健康问题进行了多方面的研究。在评价方面，近年来也进行了相关工作。部分研究应用 RS/GIS 数据，分别对蓄水前三峡库区景观生态环境进行了综合评价，且分别对三峡水库重庆段的生态系统健康、自然灾害危险性以及水土流失土地资源生态安全性进行了评价；也有部分研究通过构建指标体系，应用遥感解译数据，对消落带健康或脆弱性进行评价。但多集中于对重庆段消落带的评价，且评价指标数据多集中于遥感影像解译，对于消落带周边自然、经济、社会综合性评价指标的研究和整个库区消落带尺度上的评价并不多见。

压力 - 状态 - 响应模型（Pressure-State-Response，PSR）以压力、状态和响应为表征，指标体系完整，近年来在生态环境安全与生态系统健康评估中逐渐得到广泛的应用。PSR 模型具有非常清晰的因果关系，充分考虑了外界的压力干扰、环境状态变化和人类的响应措施 3 个方面，能回答发生什么、为什么发生以及人类如何做 3 个问题，以恢复环境质量或防止环境退化（见图 3）。

2. 评估指标体系

基于环境管理服务目标，通过明确各特征要素及相互联系，结合区域实际情况，科学化、规范化地构建指标体系，应满足以下原则。

①系统性。各指标之间要有一定的逻辑关系，它们不但要从不同的侧面反映三峡水库生态、经济、社会子系统的主要特征和状态，而且还要反映生态 - 经济 - 社会系统之间的内在联系。

②全面性。各要素指标应尽量全面，从宏观层面反映三峡水库消落带生

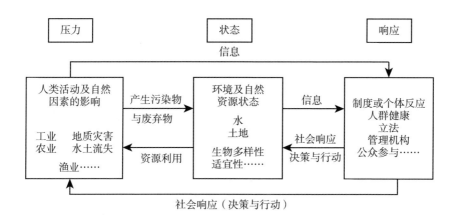

图3　压力－状态－响应模型（PSR）框架

态环境变化状况，同时应避免指标之间独立性差或内涵重复等情况。

③科学性和简明性。各指标体系的选择必须以科学性为原则，同时兼顾典型代表性，能够客观反映三峡水库消落带的真实情况，容易获取且计算方法简明易懂，具有操作性。

④规范化。选取的指标内容和方法应该统一及规范，并适用于不同类型、地域生态系统的比较，以保障长期有效的比较和评价。

根据压力－状态－响应模型和指标选取原则，确定三峡水库消落带生态环境综合评价指标体系（见图4），该指标体系包括3项一级指标、7项二级指标、22项三级指标。

（二）综合评估方法及其结果

1. 基础数据获取及处理

通过收集统计数据、结合遥感解译，经过数据标准化处理后，获取不同区域消落带各项生态环境评价指标标准化数值（见表5）。

（1）统计数据

统计数据来源：《重庆统计年鉴》、中国统计信息网相关数据。重庆市环境监测中心提供的环境监测数据及湖北省污染源普查相关数据，重庆市水利局提供的水土保持公报数据。

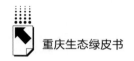

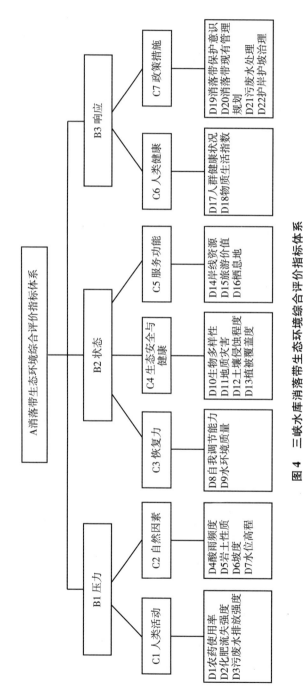

图 4 三峡水库消落带生态环境综合评价指标体系

表5 三峡库区及各区域消落带生态环境评价综合指数

区县名称	综合指数	一级指标层						二级指标层			
		压力	状态	响应	人类活动	自然因素	恢复力	生态安全与健康	服务功能	人类健康	政策措施
江津区	0.6505	0.7420	0.6759	0.4736	0.6641	0.8200	0.4393	0.7981	0.4049	0.3325	0.6013
主城九区	0.5522	0.4217	0.6015	0.6366	0.6634	0.1800	0.4393	0.6876	0.4055	0.7622	0.5230
长寿县	0.4895	0.4044	0.5109	0.3170	0.4931	0.3157	0.3180	0.6138	0.2754	0.4584	0.1890
涪陵区	0.5232	0.5247	0.5402	0.4878	0.4269	0.6225	0.8410	0.5385	0.2074	0.5695	0.4139
武隆县	0.6165	0.7731	0.6738	0.2868	0.9889	0.5574	0.5983	0.6770	0.7453	0.1164	0.4410
丰都县	0.4833	0.5882	0.5311	0.2440	0.6734	0.5030	0.4770	0.5918	0.3247	0.3186	0.1766
忠县	0.4551	0.5721	0.4387	0.3251	0.7003	0.4439	0.7197	0.4340	0.1415	0.4178	0.2411
石柱县	0.4135	0.3140	0.6245	0.1378	0.2800	0.3481	0.6360	0.7455	0.0784	0.1713	0.1074
万州区	0.5088	0.4036	0.5020	0.6683	0.4878	0.3194	0.4393	0.4777	0.6798	0.7806	0.5667
开州区	0.4914	0.5542	0.5639	0.2619	0.4491	0.6593	0.5983	0.5722	0.4887	0.3337	0.1970
云阳县	0.4417	0.5548	0.3837	0.3984	0.7639	0.3458	0.5983	0.3789	0.1620	0.3992	0.3976
奉节县	0.3581	0.4893	0.3041	0.2820	0.7129	0.2657	0.3180	0.3191	0.2224	0.2024	0.3541
巫溪县	0.4444	0.3960	0.5393	0.3255	0.3060	0.4861	0.6360	0.6105	0.1164	0.2797	0.3670
巫山县	0.4300	0.6658	0.3310	0.2969	0.7692	0.5623	0.6360	0.2759	0.2292	0.4137	0.1912
巴东县	0.4835	0.6030	0.5000	0.2856	0.7388	0.4671	0.4770	0.5943	0.1105	0.3113	0.2624
秭归县	0.4198	0.3359	0.5047	0.3698	0.5178	0.1539	0.3180	0.5807	0.3806	0.3111	0.4229
兴山县	0.4598	0.4181	0.5605	0.3204	0.4876	0.3485	0.5983	0.6538	0.1070	0.4745	0.1809
夷陵区	0.4465	0.2999	0.5618	0.4239	0.3326	0.2671	0.4393	0.7012	0.0862	0.4472	0.4027
整个库区	0.4656	0.3963	0.4917	0.5104	0.4212	0.3713	0.4393	0.5583	0.2579	0.5171	0.5043

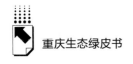

（2）遥感解译数据

数据源为三峡库区1：5万DEM和landsat 5 TM卫星遥感影像数据，运用3S技术提取相关生态环境数据。

（3）数据标准化处理结果

通过标准化处理方法，对各项指标进行标准化处理。三峡库区及不同区域消落带生态环境评价指标标准化处理结果详见表5。

2. 生态环境质量总指数计算

生态环境质量总指数的计算实质是一种计权型多因子环境质量评价。如下式：

$$P = \sum_{j=1}^{n} W_j P_j \qquad\qquad 2-1$$

式中：P为生态环境质量综合指数；W_j为第j个因子的权重，其值在（0，1），且各权重之和等于1；P_j为第j个因子标准化后的数值，为因素层的分指数，其计算如下式：

$$P_j = \sum_{i=1}^{n} w_i x_i \qquad\qquad 2-2$$

其中，P_j为压力、状态、响应的分指数；w_i为各因素所含指标的权重值；x_i为各因素层所含指标的标准化值。

根据消落带生态环境评价方法，按照公式2-1、2-2计算的整个三峡水库消落带生态环境综合指数和各级分指数结果见表5。

3. 总体评价结果分析

生态环境综合评价指数代表了生态环境质量状况。根据三峡水库消落带生态环境综合评价分值，将其生态环境状况在0~1之间进行五等分，评价分值在0~0.2、0.2~0.4、0.4~0.6、0.6~0.8、0.8~1等5个数值区间分别为差、较差、一般、良好、优秀。

评价结果表明，三峡水库消落带总体生态环境综合评价指数为0.4656，介于0.4和0.6之间（见表6），对照综合状况级别标准，评价结果为一般。

其中，压力层评价指数为 0.3963，对应评价等级为较差；状态和响应指标评价等级均为一般，评价指数分别为 0.4917 和 0.5104。

表6　三峡水库消落带生态环境综合评价结果

类目	压力	状态	响应	总体评价
评价分值	0.3963	0.4917	0.5104	0.4656
评价等级	较差	一般	一般	一般

7 个二级指标层中，自然因素和服务功能的评价等级为较差，评价指数分别为 0.3713 和 0.2579；其余 5 个二级指标层（人类活动、恢复力、生态安全与健康、人群健康、政策措施）的综合指数介于 0.4212 ~ 0.5583，对应等级均为一般（见图 5）。

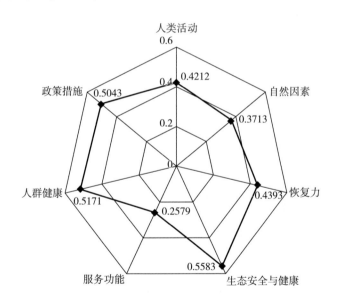

图5　三峡水库消落带生态环境二级指标评价指数

综上所述，三峡库区由于生态环境的特殊性、人地矛盾的尖锐性和土地季节性整理的复杂性，消落带自身的结构稳定性和功能发挥的效益不高，对库区水环境安全、人居环境及景观、人群健康及库岸稳定性有一定的影响。

因此，加强三峡水库消落带的保护与修复，维护其生态系统的稳定性，提升其生态功能是当前需要开展的重要工作。

三　三峡水库消落带生态保护模式

（一）主要模式概况

通过资料查询和现场调研，目前针对三峡水库消落带采取的保护模式主要有：自然生态恢复模式、人工生态恢复模式、工程技术模式和生态系统工程模式（见表7）。

表7　消落带保护模式及适用对象

保护模式		适用对象
自然生态恢复模式		人类活动较少且具有自然恢复潜力的平坝阶地型及缓坡型消落带，以及陡坡型、峡谷型、岛屿型消落带等
人工生态恢复模式	种植植物模式	水土流失严重、土质差的荒地滩涂型和其他坡度不大的消落带等
	人工湿地模式	湖盆滩涂型消落带、缓坡梯田型消落带、岛屿型消落带等
工程技术模式	碎石覆盖护坡工程	位于城市、集镇的平坝阶地型消落带及缓坡型消落带的常年水淹区域（145～155米）
	固化护岸工程	地质灾害多发地段；存在或潜在滑坡的库段；库岸稳定性差，易受风浪或船行波侵蚀部位；对库岸稳定性要求较高的区域
	防护大堤工程	位于大型城市，多种功能（如航运枢纽、滨江景观、路上交通等）集于一体的消落带
生态系统工程模式	坡地改造工程	坡面土地十分贫瘠、能生长的湿生植被很少、水土流失严重的缓坡型消落带
	生态河堤工程	库区沿江的主要城镇，尤其是污染严重的城镇等区域消落带
	生态护岸工程	土壤基质差、水土流失严重、对绿化和景观有要求的缓坡、陡坡型消落带
	景观发展模式	城市型消落带、对景观有要求的集镇型消落带、著名风景区或景点所对应消落带的常年出露区域（165米以上）

1. 自然生态恢复模式

自然生态恢复模式，即三峡水库蓄水后，在经受不断的水位涨落过程中，消落带湿地生态系统利用生物群落生长规律而实现的原生演替模式，但需要较长的时间达到稳定。该种模式适宜人类活动较少且具有自然恢复潜力的平坝阶地型、缓坡型消落带，以及不具备人工修复条件的陡坡型、峡谷型、岛屿型消落带等。其中，易恢复的平坝阶地型和缓坡型消落带一般以适合水陆两栖生活的草本植物为先锋物种落户，经过较长的时间后实现消落带生态系统的稳定；不易修复的陡坡型、峡谷型、岛屿型消落带则本身不利于植物生长，逐步形成三峡水库独特的峡谷景观。

2. 人工生态恢复模式

人工生态恢复模式，即通过人工作用，为植被创造适宜生长的生境或改善其生境，如采取的生态修复技术适合，可加快植被恢复进程，植被恢复见效快，效果显著，对消落带的治理和边坡稳定有着重要作用。目前，此类模式主要针对植被覆盖度低、土壤贫瘠、坡度 <25°等土质较差、自然恢复难度大的区域，以及土质较好、水土流失较轻、坡度 25°～35°等具有一定自然恢复潜力但土壤基质易被冲刷侵蚀的区域。

3. 工程技术模式

此种模式主要包括碎石覆盖护坡、固化护岸、防护大堤等技术手段。其中，碎石覆盖护坡在消落带植被尚未恢复且固土能力弱的情况下，通过在坡面土壤基质表层覆盖一层薄薄的碎石，可以有效地避免雨水及库水对土体的冲击，以此增强土壤的抗冲刷能力，达到防止水土流失的目的；固化护岸主要适用于地质灾害多发地段、存在发育滑坡的库段、库岸稳定性差且易受风浪或船行波侵蚀的区域、港口等对库岸稳定性要求较高的区域，以及受库水侵蚀严重、库水水浪冲刷频繁和人类活动干扰较大的区域；防护大堤主要针对具有多种功能、人类活动干扰大且具有库岸失稳的城市区域消落带。

4. 生态系统工程模式

此模式主要包括坡地改造、生态河堤、生态护岸、景观发展等手段。其中坡地改造是将坡型地面改造为梯田并种植植物，较适合蓄水前为坡耕地的消落带，具有水土流失较为严重、土地贫瘠特征的区域；生态河堤则是充分

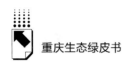

考虑生态效果，在保护生物生存环境和自然景观的基础上，建设适合生物生长的仿自然状态的护堤，适用于沿岸城镇的区域；生态护岸较适用于土壤基质差、水土流失严重、对绿化和景观有要求的陡坡型消落带；景观发展适用于城镇和著名风景区或景点所对应的消落带，在消落带种植落羽杉、池杉、垂柳等具有观赏价值的植物。

（二）三峡水库消落带各功能区保护模式

1. 消落带功能区划

三峡库区不同区域社会发展水平差异明显，既有重庆主城区、万州等大型城市，也有云阳、开州、巫山等一系列小型城市及众多的集镇和乡村，其对消落带的环境压力以及服务功能要求有所不同。与此同时，消落带的生态服务功能在很大程度上受制于其生态类型。

根据人类干扰强度和资源开发利用的差异性，结合消落带出露时间和地形地貌特征对消落带进行一级功能区划（见表8），将三峡水库消落带划分为城市功能型、集镇功能型、农村功能型、岛屿功能型、湖盆库湾功能型和峡谷功能型等。同时，由于某些区段的消落带带有特殊性，将其划分为特殊功能区。

表8　消落带功能区划

序号	主要功能区	特殊功能区
1	城市功能型消落带（生态屏障功能、生态景观功能）	重点饮用水源保障功能区
		航运枢纽功能区
		水生生物保护功能区
2	集镇功能型消落带（生态屏障功能、生态景观功能）	重点引用水源保障功能区
		港口码头功能区
		水生生物保护功能区
3	农村功能型消落带（生态屏障功能、生态景观功能）	生态环境防护功能区
4	岛屿功能型消落带（生态景观功能）	资源开发利用功能区
		科学研究功能区

续表

序号	主要功能区	特殊功能区
5	湖盆库湾功能型消落带(生态屏障功能、生态景观功能)	水生生物保护功能区
		科学研究功能区
6	峡谷功能型消落带(生态景观功能)	自然风貌保持功能区
		库岸稳定功能区

注：括号内为主导功能。

2. 因地制宜的保护模式

消落带作为三峡水库的最后一道生态屏障，起到过滤、拦截、缓冲功能，保护库区水环境，所以生态屏障功能是首要功能；另外，三峡是国际旅游带，沿岸景观需要满足观赏需要，生态景观功能也是重要功能。因此，消落带的主导功能应是生态屏障功能和生态景观功能。

针对不同服务功能的消落带，采用适宜的保护模式进行保护修复，不同消落带功能区划及可采取的对应保护模式如表9所示。

表9　消落带各功能区保护模式

一级功能区划	功能定位		保护模式
城市功能型消落带	主导功能	生态屏障功能 生态景观功能	自然生态恢复模式，碎石覆盖护坡工程，生态护岸工程，景观发展模式，固化护岸工程
	特殊功能	重点饮用水源保障功能区	自然生态恢复模式，种植植物模式，景观发展模式，碎石覆盖护坡工程，生态护岸工程
		航运枢纽功能区	防护大堤工程，固化护岸工程，生态护岸工程
		水生生物保护功能区	自然生态恢复模式，碎石覆盖护坡工程，种植植物模式，生态护岸工程
集镇功能型消落带	主导功能	生态屏障功能 生态景观功能	自然生态恢复模式，碎石覆盖护坡工程，种植植物模式，生态护岸工程，景观发展模式，固化护岸工程
	特殊功能	重点饮用水源保障功能区	自然生态恢复模式，碎石覆盖护坡工程，种植植物模式，生态护岸工程，景观发展模式，固化护岸工程
		港口码头功能区	固化护岸工程，生态护岸工程，景观发展模式
		水生生物保护功能区	种植植物模式，自然生态恢复模式，生态护岸工程

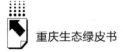

续表

一级功能区划	功能定位		保护模式
农村功能型消落带	主导功能	生态屏障功能 生态景观功能	自然生态恢复模式,种植植物模式,生态护岸工程,固化护岸工程
	特殊功能	生态环境防护功能区	种植植物模式,坡地改造工程
岛屿功能型消落带	主导功能	生态景观功能	工程技术模式,生态系统工程模式
	特殊功能	资源开发利用功能区	自然生态恢复模式
		科学研究功能区	自然生态恢复模式
湖盆库湾功能型消落带	主导功能	生态屏障功能 生态景观功能	人工湿地模式
	特殊功能	水生生物保护功能区	人工湿地模式
		科学研究功能区	自然生态恢复模式
峡谷功能型消落带	主导功能	生态景观功能	自然生态恢复模式,生态系统工程模式
	特殊功能	自然风貌保持功能区	自然生态恢复模式,生态系统工程模式
		库岸稳定功能区	固化护岸工程

（三）三峡水库消落带部分生态修复项目

现有的规划措施以消落带保留保护为主，促进生态系统自然发育，同时在部分类型消落带因地制宜进行生态恢复、污染处理与传染病源控制和岸线环境综合整治，以有效改善消落带生态环境。根据资料收集与现场调查，三峡水库已完成消落带生态修复及示范工程项目 30 余个，主要从植被恢复方面进行消落带生态修复，在筛选和试植耐淹植物种类的同时，根据不同区域的环境和水文特征，针对性地开展适应性植物群落恢复试点，对消落带上部区域实施固破、护岸、保土的栖息地质量修复措施，构建乔 - 灌 - 草植物群落；对消落带中部区域，重点实施保土工程措施，为草本植物的季节性生长创造条件；对消落带下部区域则以自然恢复为主的手段进行保护。

已完成的消落带生态修复项目资金大多来源于国家科研经费和三峡后续

规划资金，完成单位主要为科研院所、大学和行政管理单位。生态修复项目基本上都是根据不同水位、坡度实施相对应的植物措施，配合一定的工程措施作为辅助手段。从已实施的示范项目种植结构来看，基本上采取乔 – 灌 – 草的组合方式，物种选择原则上采取以乡土植物为主、外来物种为辅的方式，并且具备良好的耐淹和耐旱等特性，乔木以竹柳、饲料桑、中山杉、池杉等为主，草本植物以狗牙根、牛鞭草、香根草等为主。部分消落带生态修复项目的植物搭配如表 10 所示。

表 10　部分消落带生态修复项目的植物搭配

项目名称	种植物种
长寿区凤城消落带生态修复工程	池杉、枫杨、竹柳、芦竹 狗牙根、牛鞭草、青茅草、地瓜藤、甜根子草、苔草
万州区溪口消落带生态修复项目	中山杉、竹柳、水桦、桑树、秋华柳、中华蚊母树、小梾木 芦竹、狗牙根、牛鞭草、苔草、香根草、甜根子草
忠县消落带植被恢复试点项目工程	柳树、竹柳、水桦、竹柳、中山杉、中华蚊母树 芦竹、桑树、香根草、苔草、狗牙根、牛鞭草、甜根子草
涪陵区珍溪镇、南沱镇消落带植被恢复工程	池杉、桤木、柳树南川 1 号、秋华柳嘉陵 1 号 甜根子草 1 号、青茅草、狗牙根嘉陵 1 号、牛鞭草 2 号
湖北省秭归县归州镇万古寺村生态修复项目	桑、冬青、桑树、黄杨、小叶蚊母、杜鹃、构树 香根草、狗牙根、狼尾草、狗尾草
开州乌杨坝桑 – 杉林泽工程与基塘系统生态修复项目	桑、落羽杉、乌桕、水松 荷花、狗牙根、牛鞭草

四　三峡水库消落带典型生态修复
技术示范绩效评估

为了进一步明确三峡水库消落带保护思路和顶层设计，解决现有消落带生态修复项目效益缺乏科学评估问题，本研究构建了基于消落带生态功能指标的修复评估体系，对已实施的生态保护和修复技术进行绩效评估。

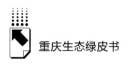

（一）评估方法与评估区选择

1. 评估方法

（1）评估指标的选择

通过查阅文献资料，三峡水库消落带生态功能的主要指标分为 9 种服务类型，具体指标见表 11。

表 11 消落带生态功能主要评估指标

服务类型	主体指标	具体指标
气候调节	气候调节	温度、湿度
气体调节	固碳释氧	固定 CO_2；释放 O_2
	净化大气	吸收固化学物质（SO_2、氟化物、NO_X 等），滞尘，产生空气负离子
	温室效应	CH_4、N_2O、CO_2 三种气体的综合温室效应
水源涵养	调节径流量	①植物状况：植物物种多样性；植物截留率；枯落物存量；枯落物饱和；持水量
	水量蓄积	②土壤因子：土壤质量；非毛细管孔隙度；土壤根系层深度
	净化水质	③气候条件：降水量；蒸发量
		④地形因子：坡长；坡度
保育土壤	减少土壤侵蚀	①植物状况：植被覆盖度；丰富度指数
	土壤肥力保持	②土壤因子：>0.25 毫米水稳性；团聚体含量；表土渗吸速度；土壤侵蚀模数，土壤养分含量（N、P、K）；土壤质地，土壤含水量，土壤紧实度
	减少泥沙沉积	③气候条件：降水强度，降水量，径流模数
		④地形因子：坡长；坡度
生物多样性保护	生物多样性保护	①景观层次和生态系统层次的多样性：植被景观多样性指数，生态系统类型多样性指数
		②物种多样性：国家保护动物多样性指数，国家保护植物多样性指数
		③外来物种干扰度：外来物种入侵度
洪水调蓄	洪水调蓄	①植物状况：植被覆盖度，植被截留率
		②土壤因子：土壤质地
		③气候条件：降水量
		④地形因子：湿地容积，承雨面积
产品输出	林草产品	畜牧供草、药用植物、观赏植物等
	畜牧产品	牛、羊、猪、鱼等
	耕种产品	水稻、莲藕等粮食经济作物
废物处理	废物处理	重金属含量，土壤环境质量风险评价 优势物种吸收转化污染物的能力和数量

服务类型	主体指标	具体指标
娱乐文化	生态旅游	旅游项目、游客量、综合收入
	科研教育	科研基地、试验基地、示范工程等

由于影响消落带生态修复的众多因素具有明显的层次性，我们根据三峡水库消落带生态修复的实际情况，结合消落带研究专家意见，以及现场调研的结果，分别从生态效益、经济效益和社会效益3个方面选择评估指标，选出运用较多或被公认的指标，以及较为重要的评价指标，除去不适宜的指标，建立包括生态、社会、经济3个方面效益的评估指标体系（见图6）。

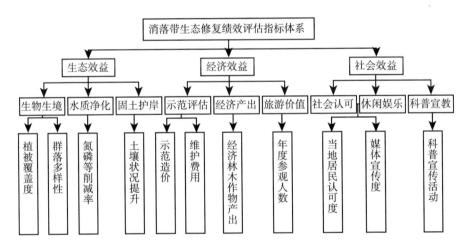

图6　消落带生态修复技术绩效评估指标体系

（2）指标评估标准

根据已有研究成果和三峡水库消落带的实际情况，采用分等级赋值法对各指标进行赋值，具体评估标准见表12。

（3）指标权重

根据层次分析法（AHP）要求，本研究设计了三峡水库消落带生态修复绩效评估指标权重系数问卷表，通过矩阵计算，得到结果如表13所示。

表12 消落带生态修复绩效评价指标与评分标准

序号	评价指标			评分标准		
1	植被覆盖度	示范区覆盖度>90%	示范区覆盖度>80%	示范区覆盖度>60%	示范区覆盖度>40%	示范区覆盖度>20%
2	群落多样性	示范区植物群落丰富度>50种	示范区植物群落丰富度>40种	示范区植物群落丰富度>30种	示范区植物群落丰富度>20种	示范区植物群落丰富度>10种
3	氮磷等削减率	削减率>40%	削减率>30%	削减率>20%	削减率>10%	削减率>5%
4	土壤状况提升	无侵蚀,水土流失状况不明显	轻微侵蚀,小于25%的区域存在水土流失	侵蚀明显,25%~50%的区域存在水土流失	侵蚀频繁,50%~75%区域存在水土流失	侵蚀严重,75%以上的区域存在水土流失
5	示范造价	<5000元/亩	5000~10000元/亩	10000~15000元/亩	15000~20000元/亩	20000元以上/亩
6	维护费用	<500元/(亩·月)	500~1000元/(亩·月)	1000~1500元/(亩·月)	1500~2000元/(亩·月)	2000元以上/(亩·月)
7	经济林木作物产出	2000元及以上/(亩·年)	1000~2000元/(亩·年)	500~1000元/(亩·年)	500元以下/(亩·年)	无产出
8	年度参观人数	>1万人	5000~1万人	2000~5000人	500~2000人	<500人
9	当地居民认可度	>75%	50%~75%	25%~50%	5%~25%	0~5%
10	媒体宣传度	5种以上宣传途径	3~5种宣传途径	2~3种宣传途径	1种宣传途径	无宣传
11	科普宣传活动	3次以上/年	2次/年	1次/年	2~3年一次	无宣传
赋予分值 Score		5	4	3	2	1

表 13　消落带生态修复绩效评估指标体系权重值

目标层	准则层	权重	指标层	权重
消落带生态修复绩效评估	生态效益（B1）	0.5329	植被覆盖度	0.1265
			群落多样性	0.1148
			氮磷等削减率	0.3774
			土壤状况提升	0.3813
	经济效益（B2）	0.3414	示范造价	0.5012
			维护费用	0.3243
			经济林木作物产出	0.1159
			年度参观人数	0.0586
	社会效益（B3）	0.1257	当地居民认可度	0.5591
			媒体宣传度	0.2126
			科普宣传活动	0.2283

（4）绩效评估指数

通过构建的消落带生态修复绩效评估指标体系，确立生态效益、经济效益和社会效益 3 个层次下的指标评估标准，通过层次分析法赋予权重，形成消落带生态修复绩效评估指数（Performance Evaluation Index for Ecological Remediation of Riparian Zone，PEIRZ）。

消落带生态修复绩效评估指数计算公式：

$$PEIRZ = \sum_{i=1}^{n} W_i \cdot A_i$$

式中：n 为指标总数 11，i 为指标序号；W 为某指标所占权重；A 为某指标赋值。

2. 评估示范区选择

根据调研情况，三峡水库已完成的消落带生态修复及示范工程项目主要根据三峡水库涨落特征和消落带本底特征开展适应性的生态修复试点，从植被群落组成结构来看，原则上采取以乡土植物为主、外来物种为辅的方式，选择具备良好耐淹和耐旱特性的植物组成群落结构，其中乔木以竹柳、饲料桑、中山杉、落羽杉、池杉等为主，草本植物以狗牙根、牛鞭草、香根草等为主。

从三峡库区现已实施的生态修复项目中选择在典型性、示范面积、影响力等方面都较为突出的示范区，最终选出涪陵竹柳（长江干流）、忠县水

桦＋中华蚊母（长江干流）、忠县池杉－落羽杉－桑（长江干流）、万州中山杉（长江干流）、开州林泽－基塘示范区（长江支流彭溪河）、秭归杨树－香根草（长江支流香溪河）6个植被恢复示范区。

（二）典型生态修复示范区生态效益评估

1. 示范区植物群落特征

根据2020年野外实地植被调查结果，分析得到三峡水库消落带典型示范区植被群落特征。

（1）涪陵竹柳示范区

植被覆盖度约为83%，采用的乔木以人工栽植的竹柳为主，还有少量桑，林下草本植物呈连续状均匀分布，优势种主要有水蓼、苍耳、石荠苎、葎草等。低高程区域自然恢复区以草本植物为主，呈连续均匀状分布，优势种主要有稗、合萌、狗牙根、苍耳、水蓼、鬼针草、石荠苎等。示范区群落丰富度为43种。

（2）忠县池杉－落羽杉－桑示范区

植被覆盖度约为95%，海拔169米高程以上为人工排列种植的池杉和落羽杉，平均胸径10厘米，高约7米，长势均良好，柳树间种，但长势较差，林下草本植物为板块状分布的牛鞭草和酸模叶蓼、葎草等。156～169米高程为一年生植物主群落和多年生牛鞭草团块，优势种主要有苍耳、稗、酸模叶蓼、狼杷草、狗牙根和牛鞭草。156米高程以下以狗牙根、一年生植物苍耳和酸模叶蓼群落为主。示范区群落丰富度为63种。

（3）忠县水桦＋中华蚊母示范区

植被覆盖度达到90%，乔木只有人工栽植的水桦，人工栽植的还有中华蚊母等，林下草本植物多呈丛块状分布，优势种主要有空心莲子草、狗牙根等。自然恢复区植物呈连续均匀状分布，优势主要有石荠苎、苍耳、狗牙根等。示范区群落丰富度为58种。

（4）万州中山杉示范区

植被覆盖度达到93%，乔木只有人工成排种植的中山杉，平均胸径约为16厘米，高11.5米，分布于168米高程以上，长势良好，林下分布稀疏的草丛，主要有狗牙根、石荠苎、牛膝等，168 米以下以斑块状分布的一年生苍耳、酸模叶蓼植物群落和狗牙根、牛鞭草群落为主，有零星生长的长势较差的中山杉和水桦，平均高度约 4.6 米。示范区群落丰富度为 60 种。

（5）开州林泽 - 基塘示范区

示范区植被覆盖度超过 95%，乔木只有人工栽植的落羽杉，人工栽植的还有桑等，位于 169 米高程以上区域，林下草本植物多呈连续均匀状分布，优势种主要有狗牙根、牛鞭草、苍耳、鬼针草、荷花等。169 米高程以下自然恢复区草本植物呈连续均匀状分布，狗牙根呈大片分布，优势种主要有狗牙根、空心莲子草、牛鞭草等。165 米高程以上人工挖设的具有连通性的基塘，里边遍种荷花。示范区群落丰富度达到 78 种。

（6）秭归杨树 - 香根草示范区

示范区植被覆盖度约为 91%，乔木只有人工栽植的杨树，林下草本植物呈连续均匀状分布，优势种主要有鬼针草、狗牙根、小飞蓬等。自然恢复区草本植物呈连续均匀状分布，优势种主要有狗牙根、牛鞭草等。香根草区域，为单一种群，覆盖度高达 90% 以上，没有其他杂草，物种没有变化。示范区群落丰富度为 49 种。

2. 示范区截污去污效果

经采样监测综合资料收集结果，各个示范区构建的植被群落具有一定的生态防护功能，能够有效削减地表径流总氮、总磷和化学需氧量。各个示范区对总氮、总磷和化学需氧量的削减率如表 14 所示。

表 14　典型示范区污染物削减率

单位：%

示范区名称	总氮	总磷	化学需氧量
涪陵竹柳	13.74	16.80	21.69
忠县水桦 + 中华蚊母	23.15	22.59	26.73
忠县池杉 - 落羽杉 - 桑	20.30	25.84	26.73
万州中山杉	18.72	20.36	24.85
示范区名称	总氮	总磷	化学需氧量
开州林泽 - 基塘	38.85	31.64	40.78
秭归杨树 - 香根草	24.30	28.60	30.70

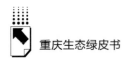

（三）典型生态修复示范区经济效益分析

1. 典型示范区实施成本与维护分析

消落带生态修复项目投资估算一般采用扩大指标估算法，依据相关部门标准、参考同类型项目的单价标准拟定的综合单价，结合项目相应工程量进行估算。由于各示范区规模大小不一，在对实施成本进行分析时采用实施综合单价。结果显示：消落带恢复均根据消落带不同高程的不同现状，以植被恢复为主。6 个典型消落带生态修复示范综合单价成本为 0.50 万 ~ 3.66 万元/亩，其中忠县水桦 + 中华蚊母综合单价最高（3.66 万元）；涪陵竹柳示范区生态修复综合单价最低（0.57 万元）（见表 15）。由此可见，消落带的不同类型、修复规模、植被配置以及采取的技术措施对成本的影响较大。示范区人工维护主要是植被播种或种植后，专人定时巡查，开展除杂、覆土、补植、修枝、浇水等日常管护工作，人工单价成本差异不大。

2. 典型示范区经济产出分析

6 个典型示范区中仅有开州林泽 - 基塘示范区发生产业经济转化，实施"三峡开州消落带沧海桑田生态治理试点示范工程"，形成 1000 亩饲料桑林，每年可以生产 2000 ~ 3000 吨高蛋白桑饲料。用这些饲料发展饲料桑畜牧业，可增值 300 万元以上。吸收当地 100 ~ 120 名留守移民就业，把劳动力直接、就地转化为货币，增加移民收入，有力带动当地农业产业的转型升级，促进地方经济发展。

表 15　典型消落带示范区实施成本与维护成本对比

典型示范区	地理位置	规模面积（亩）	总投资（万元）	综合单价（万元/亩）	日常维护[元/（亩·月）]
涪陵竹柳	重庆市涪陵区南沱镇睦和村	100	57	0.57	0
忠县水桦 + 中华蚊母	重庆市忠县石宝寨	120	440	3.667	500
忠县池杉 - 落羽杉 - 桑	重庆市忠县石宝镇共和村	400	229	0.5725	500
万州中山杉	重重庆市万州区沱口福利院外侧	1600	1041	0.65	500
开州林泽 - 基塘	重庆市开州区渠口镇渠口村	1000	807	0.807	500

续表

典型示范区	地理位置	规模面积（亩）	总投资（万元）	综合单价（万元/亩）	日常维护[元/（亩·月）]
秭归杨树－香根草	秭归县归州镇万古寺村	209.6	260	1.238	300

忠县水桦+中华蚊母示范区建设，改变了石宝寨外围原有的裸露风貌，提升其旅游风景，间接吸引游客参观游览。开州林泽－基塘示范区作为重庆市消落带生态修复成功案例之一，这种修复技术被应用于汉丰湖风貌提升中，吸引一些开州区当地居民参观。

（四）典型生态修复示范区社会效益分析

本次6个示范区社会效益调查主要通过与当地相关部门和居民座谈，结合问卷调查方式开展。调查综合结果如表16所示，开州林泽－基塘示范区在社会效益方面表现突出，而涪陵竹柳示范区由于竹柳长势较差，景观提升一般，其居民认可度较低，整体宣传方面也表现不佳。

表16　典型示范区社会效益指标汇总

典型示范区	当地居民认可度（%）	媒体宣传度（种）	科普宣传活动（次/年）
涪陵竹柳	40	1	0
忠县水桦+中华蚊母	90	3	0
忠县池杉－落羽杉－桑	86	1	1
万州中山杉	80	2	1
开州林泽－基塘	95	5	3
秭归杨树－香根草	80	1	0

（五）典型生态修复示范区绩效综合评估

（1）评估指标获取与标准化处理

通过运用RS、无人机和现场实地调查，获得消落带典型生态修复示范区生态效益、经济效益和社会效益绩效评估的指标值，通过标准化处理方法，对各项指标进行标准化处理，三峡库区典型生态修复示范区绩效评估指标标准化处理结果详见表17。

表 17　典型消落带生态修复示范区绩效评估指标数值与标准化赋值结果

示范区	指标	植被覆盖度(%)	群落丰富度(种)	氮磷等削减率(%)	土壤状况提升	示范造价(万元/亩)	维护费用[元/(亩·月)]	经济林木作物产出[元/(亩·年)]	年度参观人数(人)	当地居民认可度(%)	媒体宣传度(种)	科普宣传活动(次/年)
涪陵竹柳	指标数据	83	43	15.27	无侵蚀	0.57	0	0	500~1000	40	1	0
	标准化	4	4	2	5	4	5	1	2	3	1	1
忠县水桦+中华蚊母	指标数据	90	58	22.87	无侵蚀	3.667	500	0	>1万	90	3	0
	标准化	5	5	3	5	1	4	1	5	5	2	1
忠县池杉-落羽杉-桑	指标数据	95	63	23.4	无侵蚀	0.5725	500	0	500~1000	86	1	1
	标准化	5	5	3	5	4	4	1	2	5	2	3
万州中山杉	指标数据	93	60	20.12	无侵蚀	0.65	500	0	1000~2000	80	2	1
	标准化	5	5	3	5	4	4	1	2	5	3	3
开州林泽-基塘	指标数据	95	78	35.46	无侵蚀	0.807	300	2000 以上	5000~1万	95	5	3
	标准化	5	5	4	5	4	4	5	4	5	5	5
秭归杨树-香根草	指标数据	91	49	26.45	无侵蚀	1.238	600	0	约1000	80	1	0
	标准化	5	4	3	5	3	4	1	2	5	2	1

（2）典型生态修复示范区绩效评估指标权重

根据构建的三峡水库消落带生态修复绩效评估指标体系中指标权重值进行计算，得到各评估指标所占权重，如表 18 所示。

表 18　消落带生态修复绩效评估指标体系权重值

序号	评估指标	所占权重
1	植被覆盖度	0.067412
2	群落多样性	0.061177
3	氮磷等削减率	0.201116
4	土壤状况提升	0.203195
5	示范造价	0.171110
6	维护费用	0.110716
7	经济林木作物产出	0.039568
8	年度参观人数	0.020006
9	当地居民认可度	0.070279
10	媒体宣传度	0.026724
11	科普宣传活动	0.028697

（3）典型生态修复示范区绩效综合评估结果

根据构建的消落带生态修复绩效评估指数（PEIRZ），计算 6 个典型示范区的绩效综合评估结果，如表 19 所示。

表 19　三峡库区典型示范区绩效评估指数结果

示范区	涪陵竹柳	忠县水桦 + 中华蚊母	忠县池杉 - 落羽杉 - 桑	万州中山杉	开州林泽 - 基塘	秭归杨树 - 香根草
评估指数	3.5028	3.5431	3.9601	3.9868	4.4971	3.6704

从评估指数结果可以看出，在开州区实施的林泽 - 基塘生态修复示范区综合评估绩效指数最高，效果最好，其次为万州中山杉和忠县池杉 - 落羽杉 - 桑示范区，两者评估指数并无大差异，秭归杨树 - 香根草示范区评估指数略高于涪陵竹柳示范区。

五　三峡水库消落带保护与治理对策

从水库生态安全和水环境保护出发，开展消落带植被生态恢复对于改善库区生态环境、提高库区消落带景观效果等均具有重要的现实意义和作用。

（一）完善制度，强化管理

认真贯彻落实长江保护法，聚焦"保障消落带良好生态功能"，完善三峡水库消落带生态环境保护与治理相关管理制度。推动三峡水库消落带管理立法工作，加快修订完善《重庆市三峡水库消落带管理暂行办法》，严控土地无序利用，为进一步加强消落带管理提供法制保障。督促区县贯彻落实消落带属地管理责任，深入落实第 2 号市级总河长令，加强消落带日常监管，加大排查整治力度，坚决遏制乱占、乱建、乱种等影响消落带生态环境的违法行为"死灰复燃"。

（二）多方协作，整体统筹

改变当前国家和地方消落带工作多头管理、职能交叉的现状，捋清相关部门职责，健全消落带管理长效机制，建立消落带保护与治理成果和经验的共享机制，由水利部门作为消落带管理保护工作总的牵头部门，生态环境、发展改革、公安、交通、规划和自然资源、城乡建委、农业农村等部门共同参与，按照"共抓大保护、不搞大开发"的原则，注重消落带的整体性，制定科学合理的消落带保护与治理具体技术规范和标准，编制三峡水库消落带保护与治理总体实施方案，将消落带保护与治理纳入《长江流域（片）水生态环境"十四五"规划》和国家长江生态环境保护修复联合二期工作中，为三峡水库消落带生态环境保护与管理提供顶层设计和根本遵循。

（三）因地制宜，差异化整治

全面开展三峡水库消落带生态环境摸底调查，科学评估不同区域、不同类型消落带的生态环境状况和问题，制定分区分型的保护与治理目标，因地制宜实施差异化策略和措施。一是设置保留保护区。采取勘界立碑、设置标识牌等措施，加强保护与管理，减少和避免人类活动干扰，促进自然恢复。二是界定生态修复区。坚持"宜草则草，宜木则木，以草为主，乔灌草相结合"的方法，系统开展消落带生态修复，遏制其生态系统恶化趋势。三是强化工程治理区。结合城镇功能定位，坚持生态修复与工程治理相结合，实施库岸综合整治、滨江绿廊等生态工程治理措施，改善人居环境，满足库周居民对生态滨水休闲空间的需求。

（四）跟踪观测，建立保护与修复技术体系

三峡水库消落带保护与治理仍处于探索阶段，消落带生态系统结构和功能的演变规律和机制尚不明确，研发消落带生态屏障构建技术，为保障其生态系统稳定性、发挥良好生态功能提供科学理论基础。一是加快建设三峡水库消落带生态系统观测网络体系。建立消落带生态环境变化长期观测和追踪研究机制，在全库区布设永久监测样地和监测断面，构建生态系统观测网络体系，探索其演变规律和机制；完善消落带生态指标数据库，加快智慧信息系统建设，构建消落带保护与治理决策平台，提升其智能化监管手段和能力。二是建立消落带保护与修复技术体系。在研究消落带生态系统演变规律的同时，强化其生态保护与修复技术攻关，综合考虑入库水污染防治、水土流失控制、生物多样性保护、生态景观质量提升等生态功能因素，结合经济高效且宜推广的原则，研发分区分型的生态保护与修复技术，形成系统科学的三峡水库消落带保护与治理技术规范，保障其良好生态功能。

参考文献

张晟、杨春华、雷波等：《三峡水库蓄水初期消落带植被分布格局》，《环境影响评价》2013 年第 5 期。

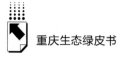
周谐、杨敏、雷波等：《基于 PSR 模型的三峡水库消落带生态环境综合评价》，《水生态学杂志》2012 年第 5 期。

刘信安、柳志祥：《三峡水库消落带流域的生态重建技术分析》，《重庆师范大学学报》（自然科学版）2004 年第 2 期。

袁辉、王里奥、詹艳慧等：《三峡水库消落带健康评价指标体系》，《长江流域资源与环境》2006 年第 2 期。

周永娟、仇江啸、王姣等：《三峡水库消落带生态环境脆弱性评价》，《生态学报》2010 年第 24 期。

陈淼、苏晓磊、党成强等：《三峡水库河流生境评价指标体系构建及应用》，《生态学报》2017 年第 24 期。

潘晓洁、万成炎、张志永等：《三峡水库消落区的保护与生态修复》，《人民长江》2015 年第 19 期。

G.5 重庆自然保护地优化整合研究

吕红 李春艳 孙贵艳 何睿 彭国川*

摘　要：　重庆在建成以国家公园为主体的自然保护地体系中存在保护
地交叉重叠、多划误划错划、历史遗留问题解决难、保护与
发展矛盾突出，以及保护地存在多头管理等问题。通过典型
案例分析，建议完善自然保护地统筹协调机制、科学优化整
合自然保护地、加大对自然保护地的监测和执法力度、探索
自然保护地生态价值实现机制，建立健全关于自然生态系统
保护的新体制、新机制、新模式。

关键词：　自然保护地　遗留问题　优化整合

中共中央办公厅、国务院办公厅于2019年6月印发了我国自然保护地
的重要指导性文件：《关于建立以国家公园为主体的自然保护地体系的指导
意见》（中办发〔2019〕42号，以下简称《指导意见》）。《指导意见》提
出推动科学设置各类自然保护地，建立健全关于自然生态系统保护的新体
制、新机制、新模式，建成以国家公园为主体的自然保护地体系，促进自然

＊ 吕红，重庆社会科学院生态与环境资源研究所副所长，副研究员，主要从事环境与可持续发
展、公共政策等领域研究；李春艳，副研究员，主要从事绿色发展、三峡库区百万移民安稳
致富等领域研究；孙贵艳，副研究员，主要从事区域可持续发展、生态经济研究；何睿，助
理研究员，北京师范大学在读博士，主要从事资源经济、实验经济等领域研究；彭国川，重
庆社会科学院生态与环境资源研究所所长，研究员，主要从事生态经济、产业经济、区域经
济研究。

生态系统健康稳定高效，维护国家生态安全、实现经济社会可持续发展，奠定建设富强民主文明和谐美丽的社会主义现代化强国的生态根基。重庆市作为 4 个全国首批建立以国家公园为主体的自然保护地体系的试点省市之一，已先期开展自然保护地体系相关试点工作。到 2025 年，重庆市争取国家批准在渝设立 1 个国家公园，经批准设立的各类自然保护地完成总体规划编制（或修编）工作，完善自然保护地管理有关立法，基本建成具有重庆特色的自然保护地体系框架。到 2035 年，国家公园、自然保护区、自然公园规范运行，自然保护地管理达到全国先进水平，全面建成具有重庆特色的自然保护地体系，自然保护地占重庆市区域面积的 16% 以上。

一 重庆自然保护地建设的现状与问题

（一）重庆野生动植物资源及保护情况

1. 重庆市野生动植物资源丰富

重庆是中国生物多样性较为丰富的地区之一，也是全球 34 个生物多样性关键地区之一，其中，渝东北大巴山区、渝东南武陵山区均是受国际关注的热点区域。重庆气候温和，地貌多样，河流纵横，为野生动植物提供了良好的栖息环境。目前，市域内分布有野生维管植物 6000 余种，其中国家一级重点保护野生植物 9 种，主要有珙桐、银杉、红豆杉、南方红豆杉、伯乐树、水杉等；国家二级重点保护野生植物 40 种，主要有楠木、香樟、鹅掌楸、连香树、金毛狗等。重庆市重点保护野生植物 46 种，主要有荷叶铁线蕨、巴山冷杉、崖柏、缙云黄芩、金佛山兰等。重庆市分布有陆生野生脊椎动物 800 余种，共有国家重点保护陆生野生动物 65 种，其中国家一级保护陆生野生动物 11 种，包括黑叶猴、川金丝猴、豹、云豹、林麝、中华秋沙鸭等；国家二级保护陆生野生动物 54 种，包括穿山甲、猕猴、黑熊等。为保护重庆丰富的野生动植物和生态系统，重庆市共建立自然保护区 58 处，其中森林生态类型 28 处，野生动物保护类型 10 处，野生植物保护类型 8

处，湿地生态类型 10 处，地质遗迹类型 2 处。自然保护区的设立对 90% 以上的珍稀濒危野生动植物及栖息地、90% 以上的陆地生态类型、85% 以上的珍稀濒危野生动植物种群进行了有效保护。

2. 重庆市自然保护地建设成效显著

重庆市自 1979 年成立缙云山自然保护区、金佛山自然保护区以来共建立各类自然保护地 220 个，其中自然保护区 58 个（国家级 7 个、市级 18 个、县级 33 个）。截至 2018 年底，重庆市设立风景名胜区 36 个，分布在 31 个区县，其中国家级 7 个、市级 29 个，面积 49.28 万公顷，占重庆市区域面积的 5.98%；世界级自然遗产 2 个，分别是武隆喀斯特和金佛山喀斯特，面积 1.27 万公顷，占重庆区域面积的 0.15%；森林公园 83 个，分布在 39 个区县，其中国家级 26 个、市级 57 个，面积 18.56 万公顷，占重庆区域面积的 2.25%；地质公园 10 个，分布在 9 个区县，其中获得国家地质公园建设资格的 8 个，获得省级地质公园建设资格的 2 个，面积约 11.85 万公顷，占重庆市区域面积的 1.44%。湿地公园 26 个（国家级 22 个、市级 4 个）、矿山公园 3 个（国家级 2 个、市级 1 个）、生态公园 2 个（国家级 1 个、市级 1 个）。重庆各类自然保护地的建立及保护工作的开展对保护以崖柏、银杉、水杉、荷叶铁线蕨、川金丝猴、黑叶猴、林麝等为代表的珍稀濒危动植物、保护生物多样性、保存自然遗产、改善生态环境质量和维护长江上游和三峡库区生态安全发挥了重要作用。

（二）重庆自然保护地建设存在的主要问题

1. 保护地交叉和重叠问题

自然保护地在设置中的面积重叠问题最为突出。如武隆 10 个自然保护地中有 8 个存在不同程度的相互重叠，重叠面积 12573 公顷，重叠率高达 23.7%。彭水县永久性基本农田面积为 76313.52 公顷，与生态保护红线重叠面积为 26066.87 公顷，占生态保护红线管制面积的 17.41%。其中，市级自然保护核心区内存在永久基本农田，用地面积大于 3 亩且坡度小于 25 度的永久基本农田面积为 19692.11 公顷。彭水茂云山国家森林公园与茂云

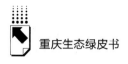

山自然保护区重叠面积达 902 公顷。重庆市南川区境内金佛山设立了金佛山国家级风景名胜区、金佛山国家级自然保护区、山王坪喀斯特国家级生态公园、金佛山国家级森林公园、重庆乐村森林公园、重庆市顺龙山森林公园和睡佛山森林公园等 7 个自然保护地，分别属于风景名胜区、自然保护区、森林公园和生态公园等 4 种类型，7 个自然保护地之间空间相互重叠的总面积约为 31858 公顷，占所有保护地总规划面积的 33.50%。重叠设置导致各类自然保护地之间出现边界不清、管理混乱等诸多问题，不利于自然保护地的保护。

2. 多划、误划、错划问题

自然保护区划定不科学，多划、误划和错划问题严重。调研显示，重庆市各区县在自然保护区划定过程中，普遍存在将居民点、耕地、工矿用地、集体林地等非生态功能区划入的现象。如彭水县有 10 个场镇划入自然保护区核心区，涉及常住人口 20 多万人，保护区内仍有耕地 76.3 万亩，其中永久基本农田占 52%；武隆县将 1 万余亩厚朴药材地划入了阳水河湿地保护区。此外，各区县自然保护地核心区还普遍存在历史遗留小水电站等问题。目前，全市没有对自然保护区内居民搬迁作统一要求，对涉及的集体土地赎买、租赁或补偿以及小水电站等的补偿也无统一政策安排，需按照实事求是的原则对自然保护地范围进行科学、系统调整。

3. 历史遗留问题

自然保护地管理存在"一刀切"问题。全市自然保护地包括自然保护区、风景名胜区、森林公园、地质公园等多种类型，每种类型又分为国家、市、县三级，由于没有自然保护地分级分类管理办法，所有自然保护地均按照《中华人民共和国自然保护区条例》相关管理标准进行"一刀切"式管控，禁止一切人类开发活动。如：武隆县后坪乡是国家级深度贫困乡镇，位于县级风景名胜区，由于要严格执行自然保护地管控要求，后坪乡脱贫攻坚项目无法落地实施，甚至连公路硬化项目都无法推进，影响着 2020 年全面脱贫和建成小康社会目标的实现。彭水县凤升水库是西南五省骨干水源工程之一，是重庆市首个采用 PPP 模式建设的重点水利项目，是以灌溉、供水为主，兼具发电综合效益的Ⅲ等中型水利工程。该水库主体工程已于2013年11月20日取得重庆市林业局使用林地审核同意书（渝林资许准〔2013〕198号），审批占用林地面积27.39公顷，使用林地性质为永久占用，具体内容为灌溉及饮用水。因原库区与渠系工程未同步申报审批用地，现导致渠系工程在自然保护区核心区、缓冲区内林地未审批。

据不完全统计，全市经过优化调整后可以调出95个建制乡镇、416个行政村、126个居民点，全市自然保护地内人口将从约164万人减少到约68万人，其中自然保护区内人口将从约58万人减少到约8万人，自然保护区核心区和缓冲区内人口将从约15万人减少到约3万人。通过优化整合可以有效解决以前大量存在的若干历史遗留问题，并为今后实施科学保护、精准保护、合理利用奠定坚实基础。

4. 保护与发展矛盾问题

三峡库区是重庆市水土流失最严重的区域，同时也是我国三大柑橘集中产区，柑橘、李子等经果林是沿岸百姓脱贫致富的主要收入来源。受经济利益驱动，沿岸百姓有进一步扩大经果林种植面积的强烈冲动。目前，由于经果林种植面积扩大，三峡库区长江沿岸的山体土地裸露现象在部分区县已相当严重，局部山体甚至出现"天窗"，造成绿化"断带"，水土流失情况严重。库区长江沿岸经果林种植面积大、涉及农户多，应高度重视经果林与生态林的争地矛盾，协调好生态屏障建设和经济发展之间的关系。

5. 多头管理问题

缺乏统一的空间规划。各类自然保护地分属林业、环保、国土、农业、水利等部门管理，交叉重叠，有的自然保护地同时具有风景名胜区、自然保护区、地质公园、森林公园、自然文化遗产地、A级旅游区等多个属性，"面积重复，数据打架"，各自为政，效率不高。此外，存在相连的各类自然保护地保护管理分割问题。

产权不够明晰。同一个自然保护区多部门管理，自然保护地的社会公益属性不明确、公共管理职责不清晰，土地及相关资源产权不清楚，

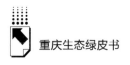
保护管理的成效不显著，导致对自然保护地的盲目建设、对自然保护地范围内土地过度开发的现象时有发生，自然保护地不可避免遭遇"公地悲剧"。

二 重庆自然保护地优化整合的政策背景

（一）国家指导意见的实施背景与内容

自然保护地是生态环境保护的重要内容和良好生态环境的重要载体。经过 70 多年的努力，我国建立数量众多、类型丰富、功能多样的各级各类自然保护地。截至 2019 年底，我国已建立各级各类自然保护地超过 1.18 万个，保护面积覆盖我国陆域面积的 18%、领海的 4.6%，在维护国家生态安全、保护生物多样性、保存自然遗产和改善生态环境质量等方面发挥了重要作用。

建立以国家公园为主体的自然保护地体系，是贯彻习近平生态文明思想的重大举措，是党的十九大提出的重大改革任务。党中央、国务院对建立以国家公园为主体的自然保护地体系高度重视。2018 年初，党和国家机构改革方案有关文件中明确提出，加快建立以国家公园为主体的自然保护地体系，组建国家林业和草原局，加挂国家公园管理局牌子，由国家林业和草原局统一监督管理国家公园、自然保护区、风景名胜区、海洋特别保护区、自然遗产、地质公园等自然保护地。2019 年 6 月 26 日，中共中央办公厅、国务院办公厅印发了《关于建立以国家公园为主体的自然保护地体系的指导意见》。《指导意见》是贯彻落实习近平生态文明思想、统筹山水林田湖草系统治理的具体举措，也是建立以国家公园为主体的自然保护地体系的根本遵循和指引，标志着我国自然保护地进入全面深化改革的新阶段，为系统保护国家生态重要区域和典型自然生态空间，全面保护生物多样性和地质地貌景观多样性，推动山水林田湖草生命共同体的完整保护，实现经济社会可持续发展奠定生态根基。

（二）重庆实施《指导意见》的总体情况

为贯彻落实《指导意见》精神，结合实际科学建立重庆自然保护地体系，以加快建设山清水秀美丽之地为目标，针对自然保护地存在各类保护地交叉重叠、功能区划不科学、原住居民较多、保护与发展矛盾大等突出问题，重庆市对现有各类自然保护地进行优化整合。

1. 加大对自然保护地违法行为的整治力度

重庆市政府 2018 年 6 月制定和颁布了《重庆市人民政府办公厅关于印发重庆市自然保护地大检查大整治工作方案的通知》（渝府办发〔2018〕87号）。整治活动的目的是对重庆市现有各类自然保护地的底数、自然保护地的管理薄弱环节进行全面摸底，对自然保护地体系现存的破坏自然资源的违法和违规问题进行全面、系统的排查和整治预防，从而保护修复重庆市域内自然生态系统的原真性、系统性和完整性。在清查的过程中确保严守生态红线底线，达到筑牢长江上游重要生态屏障，努力建成山清水秀美丽之地的生态环境保护目标。这次全方位的检查和整治范围包括：全市范围内各级各类自然保护地，其中重点检查对象是国家级森林公园、国家级自然保护区、国家湿地公园、国家级风景名胜区、国家级生态公园、自然遗产地、国家级地质公园和市级自然保护地、主城"四山"。检查整治内容包括：中央领导同志批示处理、中央环保督察通告、近年来被主要媒体曝光引起强烈反响、群众集中举报的重庆市域内有关自然保护地在违法违规等问题方面的整改和进展情况、处理情况等；侵占自然保护地的违法违规使用土地等活动，包括但不限于探矿采矿，开发房地产，破坏森林、采石挖沙，在自然保护区的核心区域、缓冲区域范围内进行违规旅游开发、无序水电开发等行为，破坏自然保护地范围内湿地和野生动植物资源等行为；《国务院办公厅关于做好自然保护区管理有关工作的通知》（国办发〔2010〕63号）等文件相关要求的贯彻落实情况，重点包括是否设立自然保护区的管理机构、是否对自然保护地进行确界和立标等，是否摸清了自然保护地的底数以及现状等数据，包括是否批复、是否有相应的管理机构、是否确定四至的边界、是否有标准规划

和图件、自然保护地的建设情况、各种类型的自然保护地之间是否存在交叉和重叠问题等。经过前面检查清理，重庆市共发现有157处自然保护地存在人类活动问题约2000件。

2. 加大对自然保护地的生态修复力度

《重庆市历史遗留和关闭矿山地质环境治理恢复与土地复垦工作方案》（渝府办发〔2018〕55号）提出，重庆市在历史遗留和关闭矿山过程中，损毁了4900.62公顷的土地面积，以此为基数，计划平均每年实施完成10%以上面积的地质环境治理恢复，对土地进行复垦，力争在2030年前完成全部的治理任务，在治理过程中坚持遵守属地管理属性、突出解决重点问题等基本原则。

各区县政府是本行政区域的责任主体和实施主体，按照已有的中央环保督察和"绿盾2017"自然保护区监督检查专项行动的具体要求，对本区域内历史遗留和关闭矿山导致的地质环境问题，按照突出重点、分类处置的原则，对损毁土地进行治理恢复和复垦。坚持"统筹部署，分步推进"的原则，即按照"宜农则农、宜林则林、宜园则园、宜水则水"原则，按年度计划分步骤推进重庆市历史遗留的相关关闭矿山土地地质环境治理恢复、土地复垦工作，优先实施位于自然保护区、城市"四山"管制区及全市生态保护红线划定范围内的生态治理恢复。坚持"快还旧账，不欠新账"的原则，即以"自然修复为主、工程治理为辅"，开展综合整治，加快还清生态修复"旧账"。同时，加大对重庆市现有生产矿山的监管力度，督促矿山企业按照"边开采、边治理"原则，认真履行矿山开采过程中的治理恢复与土地复垦义务，做到不欠"新账"。

3. 加强自然保护地自然资源开发管理

2020年，重庆印发《关于加强自然资源保护的通知》（以下简称《通知》），部署重庆市在自然资源方面的保护工作，目的是筑牢长江上游重要生态屏障，推动城乡自然资本的加快增值，以及把重庆建设成为山清水秀美丽之地。《通知》明确了重庆市在加强自然资源保护方面的具体目标，即2020年底，重庆市基本建立自然资源保护的相关制度，并使市域生态环境质量得到明显改善；到 2022 年，基本摸清全市自然资源家底，形成"权责对等、利用高效、监管有力"的良好生态保护形势；2025 年及后续中远期，形成"统一协调、运转高效"的自然资源保护机制。《通知》还明确了重庆市自然资源的种类，主要包含土地、森林、矿产、湿地、草地、水，以及具有区域特色的自然景观资源等。《通知》要求重庆市各级自然资源主管部门作为主要责任主体，对重庆市土地、矿产、特色自然景观资源等自然资源做好保护修复工作，同时加强对涉及林、草、湿地等自然要素的自然资源保护部门的统筹指导，注重与水资源、生态环境等主管部门的沟通协调。《通知》明确提出"加强耕地土壤保护"，"各类建设项目要把是否占用耕地相关情况作为项目建设方案论证的重要因素，开发建设应主动避让耕地。经论证确实无法避让的，应按照'谁占用、谁剥离'的原则，逐步推行建设占用优质耕地耕作层表土剥离，并优先用于土地复垦、土壤改良、土地综合整治和绿化用地等"。

另外，重庆市还印发了《关于进一步加强林木采伐管理工作的通知》《关于加强木材经营加工监督管理工作的通知》等，包括加强林木采伐分类管理，强化林木采伐指标分配，强化林木采伐申请审批，加强林木采伐伐区调查管理，强化林木采伐伐区作业监管，加强森林经营管理，制定森林生态补偿政策，服务林木采伐管理，推进林权配套改革，探索林木"两权"分离等十项内容。严格森林采伐限额和采伐许可管理，重庆全面停止天然林商业性采伐。

三　彭水县自然保护地优化整合的案例分析

（一）彭水县自然保护地基本情况

彭水县共有各类自然保护地 4 个，其中，国家级 1 个（茂云山国家森林公园）、市级 1 个（长溪河市级自然保护区）、县级 2 个（彭水茂云山县级自然保护区、七跃山县级自然保护区）。4 个自然保护地总面积 1679.92 平方公里，占县区域面积的 43.04%，剔除相互重叠区域后，总面积 1669.64

平方公里，占县区域面积的 42.77%。4 个自然保护地涉及全区 23 个乡镇（街道）、1 个国有林场。全县自然保护地总体特点是面积大，包括大量乡镇、建制村、居民点（约 26.6 万人）及耕地，人为活动频繁，保护与发展矛盾突出。

（二）存在的主要问题

1. 各类自然保护地相互重叠

4 个自然保护地中有 3 个自然保护地不同程度存在相互重叠的问题，重叠面积 10.71 平方公里，重叠率达 0.64%。如茂云山县级自然保护区基本覆盖了长溪河市级自然保护区和茂云山国家森林公园芙蓉江景区与阿依河景区；茂云山国家森林公园阿依河景区基本覆盖了长溪河市级自然保护区。同一地段甚至出现多个自然保护地一并覆盖的现象，造成涉及区域内的自然保护地发展方向、保护目标不明确。执行的保护政策和标准相互矛盾，森林公园是限制性发展，而自然保护区属禁止开发，如茂云山国家森林公园芙蓉江景区属茂云山县级自然保护区核心区，发展旅游事业在法规政策执行上相互矛盾。

2. 自然保护地与其他规划交叉

自然保护地与其他规划交叉，统筹保护与发展矛盾突出。由于自然保护区规划之初，过于追求大而全，没有充分考虑和预留发展空间，导致与其他专项规划交叉，发展受到极大制约。彭水县自然保护地包含的人口密集区域、商品林集中区、重大（点）项目及城镇化建设规划区情况如下。

（1）所涉及的镇街和人口情况

自然保护区行政区域涉及 25 个乡镇（街道）和 1 个国有林场，占全县乡镇总数的 64.1%；区内常住人口共计 69789 户 26.6 万人，占全县人口的38.1%，人为活动频繁，保护与发展矛盾突出。

（2）商品林和公益林情况

彭水县区划国家（重点）公益林 76.63 万亩、地方一般公益林 175.03 万亩、商品林 119.63 万亩。其中涉及自然保护区公益林约 102 万亩，商品林面积约 19 万亩，多为用材林。

自然保护地规划粗放，不科学不合理的问题不同程度存在。由于规划时间久远、技术手段粗糙落后、论证审批不严谨，大多自然保护地存在规划粗放和不合理的地方。少数自然保护地功能区划定不科学，不利于分级管理和保护。

3. 统筹民生与生态保护双赢难度大

原住居民保障难。自然保护区规划涉及集体土地的部分村社干部和老百姓并不知晓被划入了保护区，也没有对集体土地部分开展赎买、租赁或其他形式的补偿。原住居民数量多、搬迁难度大等问题亟待解决。

保护区内原住居民生态与发展受到严重影响，如大垭、润溪、龙塘、黄家、郎溪、双龙、石盘、岩东、太原、棣棠 10 个乡镇几乎整个乡镇在保护区内，因基本生存、生产和生活需要，亟须解决出行、饮水、排污及公共服务等民生问题。同时，脱贫攻坚、交通（彭水到石柱高速、彭水到务川高速、彭水到酉阳高速）、水利（龙虎水库、凤升水库）、电力、通信等专项规划，因受自然保护地政策影响而无法实施。

4. 统筹脱贫攻坚与生态保护任务难度大

彭水县自然保护地体系存在的各项问题中，涉及贫困乡镇的是凤升水库配套渠系和龙虎水库两个项目，详情如下。

（1）凤升水库配套渠系项目

凤升水库位于彭水县龙射镇，是西南五省骨干水源工程之一，是重庆市首个采用 PPP 模式建设的重点水利项目，以灌溉、供水为主，兼具发电综合效益的Ⅲ等中型水利工程。工程概算总投资 57474 万元，水库正常蓄水位838 米，总库容 1132 万立方米，年供水能力 1472 万立方米，可解决 9.57 万人饮水和 2.51 万亩农田灌溉水源问题。灌溉供水工程包括建设 27.426 千米干支渠道和 18.549 千米供输水管道。

该水库主体工程已于 2013 年 11 月 20 日取得重庆市林业局使用林地审核同意书（渝林资许准〔2013〕198 号），因原库区与渠系工程未同步申报审批用地，导致渠系工程在七跃山县级自然保护区核心区和缓冲区

内，目前无法取得林地使用审批而停止。项目目前完成工作：①摸底调查和人饮全覆盖工程方案编制，凤升水库工程渠系项目涉及 5 个乡镇（街道）11 个村（社区），受益贫困户 536 户，受益贫困人口 2265 人。②通过实施农村饮水全覆盖工程暂时解决项目区所有农户的饮水难问题。③已完成《彭水县凤升水库渠系工程能否避让彭水七跃山县级野生植物自然保护区论证报告》，并组织专家对论证报告进行了评审，评审的结论为"彭水县凤升水库渠系工程无法避让彭水七跃山县级野生植物自然保护区"。④根据渝环〔2019〕169 号文件关于"涉及自然保护区的脱贫攻坚项目，应当首先优化调整选址和线路，主动避让自然保护区，特别是核心区和缓冲区。对输水线路、道路等线性项目，确实无法避让的，建设单位应当采取无害化穿越（跨）方式，或依法依规向有关行政主管部门履行法定保护区的行政许可手续、强化减缓和补偿措施"的规定。彭水县制定了《彭水凤升水库渠系工程穿越重庆市彭水七跃山县级自然保护区无害化方案》，并组织专家对"无害化穿越方案"进行了评审，评审的结论为"无害化穿越方案可减少对自然保护区植被的破坏"。建议按照国家对此类工作的统一部署和要求实施，或依法开展自然保护区范围和功能调整后再实施。

（2）龙虎水库项目

龙虎水库项目位于彭水县黄家镇，是西南五省骨干水源工程之一，也是重庆市首批采用 PPP 模式建设的重点水利项目，以灌溉、供水为主，兼具发电综合效益的Ⅲ等中型水利工程。工程概算总投资 34927 万元，主要由大坝枢纽、灌溉供水和跌水电站三部分组成。水库正常蓄水位 586.0 米，总库容 1087 万立方米，年供水能力 1449 万立方米，可解决 12.5 万人饮水和 2.5 万亩农田灌溉水源问题。

龙虎水库项目也是解决贫困乡镇饮用水问题的水利项目，拟采取分期蓄水的方式，首先启动一期蓄水，需办理林业、环保等相关手续对坝址部分进行报批；二期蓄水按中央统一要求和部署办理。目前因坝址位于茂云山县级自然保护区实验区和缓冲区，无法取得林地使用许可。

（三）优化整合情况

解决各类自然保护地相互重叠及与其他规划交叉问题方面。彭水县配合市林业局做好以国家森林公园为主体的自然保护地体系评估调查工作，积极争取彭水县自然保护地整合归并及优化，适当缩减自然保护区面积，拟将大垭乡沿江部分划分为自然保护区，彭水至太原一线沿丰都方向划为自然保护区，其他全部调为自然公园，人口聚居区的场镇部分调出保护区范围。

统筹生态保护与民生保障及脱贫攻坚方面。彭水以普子河为界，将石坝子、凤山村、茂云山国有林场划为森林公园。在功能区划分上，将国家重点公益林、野生动植物资源丰富、人口稀少、生态脆弱地区和开发利用难度大的区域划入自然保护区，将商品林集中连片、开发利用价值大、重点项目和城镇化建设规划区域以及人口密集区域划入自然公园管理体系，满足彭水县发展的重大项目和脱贫攻坚基础设施建设需求，促进经济社会持续健康发展。

彭水县自然保护区整合优化情况。优化整合后，彭水县共有自然保护地9个：其中，市级自然保护区3个，即彭水七跃山市级自然保护区13595.60公顷、彭水普子市级自然保护区16109.79公顷、彭水芙蓉江黑叶猴市级自然保护区12460.54公顷；有自然公园7个。优化整合后，彭水县自然保护地总面积达1550.73平方公里，占全县区域面积的39.73%，较优化前（1669.64平方公里）减少12919公顷，减少3.04%。整合优化共计调出15个乡镇，调出人口约11.22万人，调整后还有约15万人。

（四）优化整合中面临的主要问题

1. 统筹机制不完善，工作经费保障不足

彭水县尚没有专用于自然保护地体系优化调整的经费，涉及的人员也多分散于林业、生态、发改等部门，相关经费也来自各个部门的专项经费。目前全县用于保护区工作经费为20万元；2018年安排保护区确界立标费用188.39万元；森林生态效益补偿方面，2017年3153万元，补助农户标准11.75元/亩，2018年3224.5万元，补助标准11.75元/亩，2019年3189.5

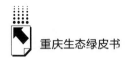

万元，补助标准 12.75 元/亩，天保工程停伐补助 1038 万元，补助标准 12.75 元/亩；2019 年生态功能转移支付 183250 万元，这笔经费主要由生态环保部门支出，目前用于自然保护地的部分很少。

2. 缺乏针对自然保护区的生态补偿政策

我国尚未出台针对自然保护区的生态补偿政策，《中华人民共和国自然保护区条例》作为我国唯一对自然保护区进行规范的法规，对生态补偿未做任何规定。各地自然保护区的生态补偿政策落实主要依靠公益林补偿等部门政策，补偿标准普遍偏低。国家退耕还林还草的生态补偿政策由于适用范围的特殊规定，在自然保护区内难以落地。中央对地方重点生态功能区的转移支付在地方统筹时很少能投入保护区。

目前彭水县自然保护地生态补偿相关经费主要包括公益林生态效益补偿，2019 年权属集体和个人的公益林补偿标准每年每亩 12.75 元，总共补助 3189.5 万元；天保工程区集体和个人所有天然商品林停伐补助标准为 12.75 元/亩，补助 1038 万元；按照《中央对地方重点生态功能区转移支付办法》（财预〔2019〕94 号），2019 年生态功能转移支付 183250 万元。总的来说，目前自然保护地专项资金较为缺乏，自然保护地生态补偿率低。

3. 项目补偿资金数额大，补偿实施困难

彭水县是国家级贫困县，财力薄弱，自然保护区涉及人口和项目较多，退出保护区补偿压力和稳控压力较大，在一定程度上影响了自然保护地管理工作。例如对退出电站实行经济补偿，补偿费用由县政府与电站业主共同委托第三方评估机构进行评估，确定补偿费用；对享受国家补助资金的电站实行全额收回。因彭水县财政收支差距较大，补偿资金支付任务艰巨。

四 重庆自然保护地优化整合的对策建议

（一）建立统筹协调机制

理顺管理体制。结合我国相关生态环境保护和管理体制、自然资源资产方面的管理体制、自然资源方面的监管体制改革，理顺现有各类自然保护地管理体制，由林业部门统一行使监督管理职能。

全面系统规范我国自然保护地的设立、晋降级、调整和退出等规则，细化落实各类自然保护地管理政策、制度和标准。自然保护地由国家或市政府批准设立，各区县各部门不得自行设立新的自然保护地类型。

建立自然保护地规划体系。尽快出台总体规划，明确核心内涵、基本功能、建设内容、空间布局；研究制定专项规划，合理确定各专项的生态功能和目标，统筹安排确定重点突破口与重点工程，确保建设的系统性。

建立统筹协调机制。在市级层面成立工作协调机构，要在大气、水、土壤、森林、生物多样性等重点领域建立协作共建机制。加强相关部门在法律保障、规划编制、方案实施、过程监督、效果评价等各个环节的协同配合。

推进跨区域协作机制。推动建立多边合作联席制度，完善沟通协调、信息共享、跨区域跨流域环境执法、突发环境事件应急演练、共同确认跨界水质监测数据、定期开展空气质量会商、长江涉水监管联动执法等联防联控联治平台。

（二）提高自然保护地优化整合的科学性

明确优化整合原则。以保持生态系统完整性为原则，遵从保护面积不减少、保护强度不降低、保护性质不改变的总体要求，对重庆市现有 20 个自然保护地进行系统全面的优化整合，依法依规解决重庆市自然保护地存在的划定不科学、保护对象不精准、空间重叠、原住居民过多等突出问题。建议保护的原则是优先保留国家级和市级自然保护区，其他类型的自然保护地按照同一级别的保护强度优先、不同级别的低级别服从高级别的保护原则进行系统的优化整合。对于自然保护地内存在交叉重叠的区域，进行生物多样性评估，根据评估结果整合到相应的自然保护地类型中，推动保护的整体化和系统化。

建立评估指标体系。根据重庆市自然保护地分布和保护现状，设立包含生态系统、自然景观、生物多样性、原生植被、特定保护对象及其影响因素

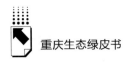

等的指标体系，对相应的指标分别确定指标等级和权重赋值，形成科学合理的自然保护地评价体系。根据不同自然保护地类型如自然保护区、自然公园等，分别设立不同的指标分值标准，形成以自然保护成效为目标的评估调查研究报告，将其作为确定各类型自然保护地是否保留、晋降级、调整和退出等的科学依据。

分类有序推进优化整合。全部保留重庆市域内的国家级自然保护区，原则上不减少自然保护区面积及其核心区面积。对市级自然保护区进行分别评估，经评估确实没有保护价值、保护对象达不到保护数量要求的，将其调整为自然公园，若其符合国家级自然保护区的设立标准，建议按程序启动自然保护区的晋级申报工作。对于县级自然保护区，进行逐个调研评估，根据评估调查结果进行优化调整，若其符合自然保护区的设立条件，将对其进行保留，并按程序建议将其晋升为市级自然保护区，若其无保护对象或保护对象的保护价值已经降低，建议将其调整为自然公园。对现有各类自然保护区类型，如风景名胜区、森林公园、地质公园、湿地公园、矿山公园等进行调查评估，根据评估结果实事求是地开展自然保护区的优化整合或者调整退出。

（三）加大对自然保护地的监测和执法力度

构建自然保护地监测体系。调查重庆市自然保护地资源的资产本底，对各类自然资源、资产现状进行统计。加大对人类活动影响生态资源的监测力度，对影响过程进行动态监测，构建"天空地一体化"、智能化的自然保护区生态监测网络。推进自然保护地监测信息化，建设自然保护地的大数据监测平台。对自然保护地的监测数据进行集成分析，扩大综合应用范围，掌握自然保护地生态资源的动态变化，对生态风险进行及时评估和预警，主管部门应定期发布自然保护地生态监测和评估报告。对自然保护地的管理成效进行科学有序的评估，定期向公众发布评估结果。积极推动建立第三方生态保护修复评估制度。

建立综合执法体系。根据自然保护地的实际保护需要，自然保护地的管理机构应在管辖范围内履行必要的资源环境行政综合执法职责。建设自然保护地综合执法队伍，高效有力地对自然保护区范围内的违法行为进行执法，逐步提高自然保护地保护修复及管理队伍的职业化水平，提高装备的标准化水平。建立综合执法制度体系，形成符合实际的综合执法模式，加强自然保护地执法与自然资源刑事司法、行政执法的有效衔接。对自然保护地定期开展监督检查等专项行动，加大区域内生态环境保护力度，实施地区间生态环境联防联治工作机制。对自然保护地责任人和责任单位进行定期核查，建立核查机制，建立对区县政府和管理机构保护不力行为的问责机制。

（四）探索自然保护地生态价值实现机制

创新使用自然资源的制度体系。明确和规范自然保护地内的自然资源利用方式和利用行为，实施自然保护区内自然资源的有偿使用制度。对各类自然资源资产的产权主体，依法界定其权利和义务，特别注重保护自然保护区内原住居民的权益，实现自然保护地内各产权主体依法共建保护地、依规共享资源保护和附属经济收益。对自然保护地一般控制区，细化落实经营性项目的特许经营和管理制度，鼓励自然保护区内原住居民积极参与各种特许经营活动，探索自然保护区内自然资源的所有者、经营者和使用者合理参与特许经营项目的收益分配。对集体所有土地及其附属资源，划入各类自然保护地内的，按照"依法、自愿、有偿"原则，探索通过置换、租赁、合作、赎买等方式实现产权人的合法权益，同时提高自然保护区的多元化保护成效。

探索全民共享机制。基于严格保护自然保护区的基本前提，科学合理划定适当的自然保护区范围开展生态教育、生态旅游、自然体验等有益活动，打造高品质、多样化的自然保护地生态产品价值实现体系。注重完善自然保护地公共服务设施，提升自然保护地的公共服务功能和价值实现功能。借鉴国内外自然保护地保护的成功经验，推行自然保护地参与式的社区管理，按照生态保护需求，优先安排原住居民从事生态管护工作。建立自然保护地的志愿者保护和服务体系，健全针对自然保护地保护修复的社会捐赠制度，充实重庆市自然保护地的多元化保护力量。

参考文献

陈保禄、沈丹凤、禹莎等：《德国自然保护地立法体系述评及其对中国的启示》，"国际城市规划"公众号，2021年1月27日。

唐芳林、田勇臣、闫颜：《国家公园体制建设背景下的自然保护地体系重构研究》，《北京林业大学学报》（社会科学版）2021年第2期。

陈真亮：《自然保护地制度体系的历史演进、优化思路及治理转型》，《甘肃政法大学学报》2021年第3期。

郑洁：《浅论我国自然保护地体系的新发展》，《文化学刊》2021年第4期。

石秀雄、杨广斌、李亦秋等：《基于国家公园体制的贵州自然保护地资源整合及体系转换研究》，《河南农业大学学报》2021年第3期。

范世轩：《浅析农业面源污染对经济发展的影响——以三峡库区为例》，《广东蚕业》2021年第3期。

马洪波：《什么是中国特色的国家公园和自然保护地体系》，《学习时报》2021年3月1日。

周永兴：《国土空间规划视域下的生态保护红线评估调整与自然保护地体系建设》，《林业调查规划》2021年第1期。

汪再祥：《自然保护地法体系的展开：迈向生态网络》，《暨南学报》（哲学社会科学版）2020年第10期。

赵炳鉴、任军、万军：《国土空间规划背景下自然保护地体系整合优化初探》，《国土资源情报》2020年第9期。

欧阳志云、杜傲、徐卫华：《中国自然保护地体系分类研究》，《生态学报》2020年第20期。

董正爱、胡泽弘：《自然保护地体系中"以国家公园为主体"的规范内涵与立法进路——兼论自然保护地体系构造问题》，《南京工业大学学报》（社会科学版）2020年第3期。

刘向南、刘天昊：《中国自然保护地体系建设现状、问题及对策研究》，《农村经济与科技》2020年第11期。

郑永林、王海燕、王一格等：《三峡库区笋溪河流域面源污染及其与土壤可蚀性k值的关系》，《应用与环境生物学报》2021年第1期。

陈曦、梁松斌：《以国家公园为主体的自然保护地体系构建——基于国土空间规划体系》，《中国土地》2020年第4期。

绿色产业篇
Green Industry

G.6

生态产品价值实现与重庆探索[*]

李春艳　彭国川　吕红　代云川　何睿　雷波[**]

摘　要： 生态产品价值实现有助于推动"绿水青山"向"金山银山"转化。生态产品价值实现还存在缺乏权威核算方法、生态资源产权制度不完善、交易市场体系不健全、路径较为单一、相关法律法规建设滞后等问题。重庆在生态产品价值实现方面开展了林权改革、"林票"等探索实践。立足当前问题，建议加快建立生态产品价值科学评价体系、完善相关产权制度、建立价值实现的市场化机制。

[*] 本文系国家社科基金西部项目"长江上游地区生态产品价值市场化实现路径研究"（19XJY004）阶段性成果。

[**] 李春艳，副研究员，主要从事绿色发展、三峡库区百万移民安稳致富等领域研究；彭国川，重庆社会科学院生态与环境资源研究所所长，研究员，主要从事生态经济、产业经济、区域经济研究；吕红，重庆社会科学院生态与环境资源研究所副所长，副研究员，主要从事环境与可持续发展、公共政策等领域研究；代云川，助理研究员，主要从事生物多样性保护、自然保护地管理、气候变化等领域的基础性研究；何睿，助理研究员，北京师范大学在读博士，主要从事资源经济、实验经济等领域研究；雷波，教授级工程师，主要从事生态环境研究。

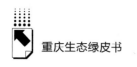
关键词：　生态产品　价值实现　两山转化

2016 年 1 月，习近平总书记在重庆召开"深入推动长江经济带发展座谈会"上指示重庆要"建设长江上游重要生态屏障，推动城乡自然资本加快增值，使重庆成为山清水秀美丽之地"。2018 年 4 月，习总书记在武汉召开第二次"深入推动长江经济带发展座谈会"上提出"长江经济带应该走出一条生态优先、绿色发展的新路子"，强调"要积极探索推广绿水青山转化为金山银山的路径，选择具备条件的地区开展生态产品价值实现机制试点，探索政府主导、企业和社会各界参与、市场化运作、可持续的生态产品价值实现路径"。推动城乡自然资本加快增值、实现绿水青山向金山银山转换是实施长江经济带"生态优先、绿色发展"战略的有效途径。近年来，重庆在生态产品价值实现和生态补偿方面做了积极探索，既产生了良好的经济效益，也有效改善了环境，有效推动了长江上游生态屏障建设。从政策出台看，涉及碳排放权交易（渝府发〔2014〕17 号）、林权制度改革（渝府办发〔2017〕72 号）、地票交易等方面的制度创新和探索，对森林、土地等生态资源进行了整合利用，进一步加快了各类生态产品的价值实现。

一　生态产品价值实现的内涵

（一）生态产品的概念

中共十九大首次将"必须树立和践行绿水青山就是金山银山的理念"写入大会报告。生态产品价值实现机制作为有效调节"绿水青山"保护者与"金山银山"受益者之间环境利益及经济利益关系的制度安排，已成为生态文明建设、乡村振兴和脱贫增收协同推进的重要举措。

生态产品在国外学术文献中一般称为生态系统服务（Ecosystem Services）或环境产品和服务（Environmental Goods and Services），意即"人类从生态系统获得的各种惠益"。通常很难将生态产品商品化和货币化，或者必须根据某一惯例下的土地面积等实物条件进行交易，但会诱致高昂的交易成本。事实上，代理人（政府部门、NGO、研究机构等）的参与可以促使交易费用的规模经济，在其他非市场环境中的交易对利益攸关方而言可能是最优的。"生态产品"就是良好的生态环境或自然要素。杨伟民认为生态产品就是"良好的生态环境，包括清新空气、清洁水源、宜人气候、舒适环境——这些都是人类生活的必需品，是消费品"。2010年国务院印发的《全国主体功能区规划》指出："生态产品指维系生态安全、保障生态调节功能、提供良好人居环境的自然要素，包括清新的空气、清洁的水源和宜人的气候等。"通过人类的加工改造，自然要素也可以成为相应的产品，满足人类的需求，这个过程就是创造价值的过程，只要适度利用，对自然环境也可以起到保护的作用。目前对生态产品价值实现机制的研究主要沿着三条主线展开：一是探讨生态产品价值实现的经济政策工具，如直接市场、可交易许可证、科斯式协议、反向拍卖、自愿价格信号等；二是对生态产品价值实现路径的研究，主要从产权界定、生态资本化、市场交易体系等方面展开；三是基于某一特定视角归类生态产品价值实现模式，主要集中于支付主体、治理结构、资金来源等视角。整体来看，已有研究大多侧重于生态产品价值实现机制的某一方面讨论，缺乏对自然资源生态产品价值实现机制整体框架的系统性研究。

（二）生态产品的特性

地域性。多数生态产品都只能在一定的区域范围内，其发挥的作用也局限在一定范围内，其他区域由于缺乏这类生态产品而无法享受其带来的效益。例如山区清洁的空气、广袤的森林资源、稀有的动植物等，都是有一定的地域限制的，脱离了这个范围就难以形成。但是有部分生态产品具有异地流动性，比如水源等，可以通过运输的方式在异地消费。

整体性。自然要素具有不可分割性，主要在于类似良好的环境、清新的空气等要素资源在一定的地域范围内都是公开的，不能像普通商品一样进行

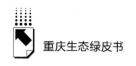

分割贩卖精确到消费个体，对于消费人群来说，这类生态产品都是必须共享的，对每个人来说都是同质不可分割的。

公共产品属性。清洁水源、清新空气、干净土壤、茂盛森林、宜人环境等生态产品，是人类生存和发展的基础，是最基础的公共产品。其成本和收益无法通过市场价格机制完全有效反映出来，其提供优质生态产品和服务也无法得到充分、合理的补偿，需要政府进行干预。

（三）生态产品的分类

生态产品的形式多种多样，不同类型的生态产品供给方式和价值实现形式不同，从地域空间和影响范围看，我国的生态产品可以分为全国性公共生态产品、区域（流域）性公共生态产品、社区性公共生态产品和"私人"生态产品。

1. 全国性公共生态产品

全国性公共生态产品是不受地域限制，在较大范围内可以让所有人共享的产品，从公共产品理论角度看，具有纯公共产品的性质。即使不同的地区、条件有所变化，这类全国性生态产品的供给以及品质也不会有较大差异，因此，这类产品的供给成本不能由每个区域和个体承担，而应该纳入公共服务的范畴，由政府统一提供。

2. 区域（流域）性公共生态产品

区域（流域）性公共生态产品是由一定范围内的资源转换而成的，同时在一定的区域范围内也涉及不同的权利主体，从而造成生态产品消费既有区域内的共享性，也有跨区域之间的排他性，正是由于生态产品的这一属性，这类产品的供给无法由一个主体完成。从我国的行政区划来看，区域性公共生态产品的供给需要不同的地方政府联合起来共同完成。

3. 社区性公共生态产品

社区是一个小的区域范围，是由特定地域内的人口和家庭组成的，由于长期的共同生活，社区会形成较为稳定的社会纽带和文化氛围，对生态产品的偏好也会趋同。对于社区外的居民来说，社区内的生态产品对社区外具有排他性。为了满足社区成员对生态产品的需要，可以采取社区自治、社区自足的方式，由社区提供这类生态产品，实现全体社区成员的共享。

4."私人"生态产品

很多自然资源都无法明确地界定产权，这就导致了资源在变产品的过程中没有交易的依据，因此产权界定是生态产品最终价值实现的前提，一旦产权界定明确，生态产品就具备了私人属性，转化为私人生态产品，并通过市场交换实现价值。随着自然生存环境的恶化，生态环境不再仅仅是生存条件，作为一种稀缺资源，良好的生态环境是可以进行开发并在市场上进行交易的，从而实现生态资源资本化。随着市场经济的逐步建立和完善，许多自然资源进入市场进行交易，如排污权、碳汇、森林资源等，政府在其中也起到了很大的引导推动作用，使生态效益转化为经济效益。

（四）生态产品的价值构成

生态产品是一种特殊的商品，通过对自然环境的保护增强生态产品的生产能力，可以更合理地满足人类发展的需求，实现可持续发展。扩大生态产品的生产能力，满足人民群众日益增长的生态产品需要是创造价值的过程，是科学发展的重要内容。生态产品的使用价值是指其呈现出来的对人类社会生存和发展的有用性，具体包括生态价值和经济价值两个方面。

1.生态产品具有生态价值

生态价值是一种"自然价值"，是自然物之间以及自然物对自然系统整体所具有的系统"功能"。表现为给人类提供可以生息的大地、清洁的水、由各种不同气体按一定比例构成的空气、适当的温度、一定的动植物伙伴、适量的紫外线照射等人类生存须臾不可离开的必要条件，是人类的"家园"，是人类的"生活基地"，因而"生态价值"对于人来说，就是"环境价值"。特别是，生态产品的生产过程，对周围的大气环境、地表水环境等有改善的作用，这样的生态产品具有社会产品和服务的共同属性，能够满足人们追求高品质生活的需求。随着经济社会的发展，对这类产品的需求也会越来越大。

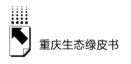

2. 生态产品具有经济价值

生态产品的经济价值来源于生产和交易过程中产生的各类成本。一是在生态产品的生产过程中，为了避免对环境造成的损害，必须对环境进行保护和相应的建设，由此产生的成本；二是一部分人因为提供生态产品而放弃了相应地区的经济发展的权利，这部分发展权利需要相应的经济补偿而产生的成本；三是随着人们对高品质生活的日益向往，对较好质量生态产品的需求也越来越大，由此导致各类优质生态产品的稀缺，由稀缺性导致产品价值不断提高。由此可见，生态产品的生产是能够带来经济效益的。对于生态功能区而言，只要保持优质的空气、清洁的水资源等生态产品的不断输出，同样可以获得发展机会。这类发展机会是不以牺牲环境为代价的，因而更加可持续。随着核算手段的日益完善，生态产品价值的实现也会更加科学。

（五）生态产品价值实现路径

一是深度开发自然产品。自然资产可以利用自身的优势不断产出自然产品，例如通过挖掘自然要素中的新元素，结合现实的需求，产出新的产品，或者与其他生产要素相结合，产生新的生态产品，满足人们对绿色产品的消费需求。这两类途径都是对自然要素进行深层次开发利用后，进入市场进行交易实现增值。

二是优化配置自然资产。通过对环境的保护和开发整治，科学配置自然资产，优化自然资产的共生功能，提升自然资产服务社会的质量和能力，以开发整治持续推进环境改善，提升环境整治改造的经济社会价值，形成较好的发展环境。

三是交易自然资产权属。使用权交易和发展权交易是自然资产权属交易两种最主要的形式。所谓使用权交易，可以理解为将资产使用权通过有偿形式交给另一方，从而实现使用价值向交易价值的转化，交易价值的实现带来了增值。我国已经开展的林权制度、草权制度、山权制度、碳交易权制度等实践，是自然资产交易制度和市场构建的有益探索。自然资产所有者以权属交易为前提，通过转让、租赁、承包、买卖等形式交易自然资产使用权、处置权和收益权。

四是交易生态服务。森林、草地、湿地等自然资产具有生态服务能力，通过这一能力可以获取经济收益。随着越来越多的生态产品进入社会，生态系统服务的经济价值也被社会所接受。但是，从实际发展情况看，这类生态系统服务价值的体现，大多还是以政府主导的生态补偿和生态服务付费为主，在市场领域范围内还不广泛。这类生态服务具有公益性，实现市场化交易的路径需要不断深化。

五是产业化运营。产业化运营是一种较为普遍的自然资本增值方式，但产业化运营需要一定规模，对生态产品的自身属性具有较高要求，例如生态景区、郊区旅游等是产业化运营的典型代表。在生态环境质量优良的区域，自然景观具有一定特色，将环境保护、自然修复与生态产品价值的实现结合起来，更有利于实现产业化运营，从生态旅游中获取收益，以补偿因放弃资源开发而损失的利益。

二 生态产品价值实现的主要问题

（一）生态产品价值缺乏广泛认同的核算方法

生态产品的生产具有自然再生产和社会再生产的双重属性，价值具有市场交易和协商定价双重属性，产品具有非完全竞争和公共物品属性，消费具有较高的消费机会成本和复杂消费意愿等特征，对"生态产品价值多少，如何体现""生态产品能否交易以及如何交易"等问题，没有明晰的答案。自然资源生态价值核算最早由西方学术界开始着手研究，20世纪以来已经形成了物质量评价法、能值分析法、市场价格法、机会成本法、影子价格法、人力资本法、资产价值法、支付意愿法等一系列评估方法。但是对资源价值没有明确的界定，尚未形成成熟的理论，尽管核算生态产品价值的技术手段很多，但是还没有形成统一的计算方法，使得建立生态服务市场交易制度、生态转移支付制度、生态补偿制度、环境污染责任保险等促进生态产品价值实现的制度机制缺乏科学依据。生态产品价值的估算是一个复杂而困难的问题，尤其生态系统产品及服务具有区域性和整体性、消费不可计量性、价值多维性等特征，额外增加了价值核算难度。目前我国各地区生态产品价值核算指标与方法并不统一，绝大部分地区侧重于自然生态系统价值。究其原因，主要在于全国各地区对生态产品价值核算还处在不断深化认识阶段，对生态产品价值内涵界定还没有形成共识，对生态产品价值核算指标的赋值理论、统计方法还存在较大争议。因此，探索建立一套科学完整、具有实际可操作性的生态产品价值核算体系迫在眉睫。

（二）尚未建立起完善的生态资源产权制度

河流、森林、气候等生态系统是天然的公共资源，这些资源存在于不同的区域，同时具有流动性、跨区域性，很难有清晰的产权界定和管理责任划分，导致受益主体不明确。这种情况就会存在环境资源的产权归属不清晰、管理权责不明确、监管不到位。从我国的行政管理角度看，生态环境管理以属地监管为主，这一管理方式对一部分生态资源管理有效，但是在对河流等具有流动性资源的管理上会存在问题。例如不少流域上下游之间会存在沟通不畅等问题，导致环境保护工作效率低，严重制约了生态修复和治理的效果，也影响了生态产品价值实现的动力。从现实情况看，我国目前已开展流域生态补偿，通过推进市场化的水生态补偿，实现流域上下游之间对水资源的保护和利用协同，其中水资源权属明确是首要前提。水权制度改革就是通过明晰水权，建立对水资源所有、使用、收益和处置的权利，形成一种与市场经济体制相适应的水资源权属管理制度。除水资源外，其他资源也存在类似问题，影响了生态资源交易补偿机制的推进。

（三）生态产品交易市场还不健全

一是供求结构失衡。在生态产品交易市场中存在"需求热、供给冷"现象，供求矛盾较为突出。此外，排污权交易市场（生态产品细分市场）缺乏有效监管，部分需求主体存在"搭便车"行为。二是价格形成不合理。

长期以来，受传统"资源低价环境无价"观念的影响，产权和价格管理体系"双缺位"，环境和资源价值评估缺乏科学性，导致排污权交易一级市场价格形成机制一定程度失效。二级市场交易体系不完善，"有市场无交易"现象时常发生，通过二级市场供需影响价格的机制难以奏效，因此降低了价格机制配置生态产品效率。三是市场有效性不足。以森林碳汇交易为例，国内集体林权制度改革后，个体农（林）户经营的森林碳汇项目难以满足国际 CDM 造林再造林碳汇的方法学要求、森林碳汇计量与监测体系不完善、中介服务市场培育欠缺等制度技术困境，阻碍了国内碳汇交易的国际市场进程。此外，二氧化硫排放交易、用能权交易等市场也存在一些问题，不能发挥高效配置作用。

（四）生态产品价值实现的路径较为单一

实现生态产品的价值，目前主要有政府调节和市场配置两种手段，一方面政府主要在生态产品价值实现中起引导和推动作用，另一方面市场在资源配置中应该起到决定性作用，通过建立市场交易平台和完善市场交易体系，使自然资源能够更好地转化为生态产品实现价值增值。以政府为主导的生态产品价值实现的途径主要有财政转移支付和政府购买。这两种方式都存在价值实现力度不够、财政资金使用效率低下等问题。生态补偿范围过窄、补偿范围混淆、补偿资金来源过窄、补偿方式单一问题也导致政府推动市场化补偿较为困难。以市场为主导的生态产品价值实现的途径主要包括产业化经营和市场化运作生态资产。在生态产品价值实现过程中，需要注意政府和市场的关系，政府应当制定合理的政策工具，最大限度地发挥财政资金的作用，通过市场化运作调动各类市场主体的积极性，参与到生态产品价值的实现过程中。市场交易机制作用的最大化发挥，是摆在政府面前的现实难题。生态产品价值实现，需要市场机制发挥重要作用，但是市场化的运作需要一定的外在条件，例如产权的界定、体系的完善、专业化市场的发展等，并且能够进入市场交易的也只是自然资源的一小部分。同时，由于自然资源自身属性的限制，生态产品价值实现的周期通常较长，并且部分产品的收益率不高，

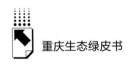

导致产品价值实现的内生动力不足。究其原因在于，没有能够形成激励地方政府和市场主体自主保护生态环境的内生机制，难以形成良性循环。

（五）相关法律法规亟须完善

自然资源根据其生态禀赋的不同，具有单一经济价值、单一生态价值，或兼具经济和生态价值的双重属性。目前，自然资源所有权制度侧重保护其经济价值而忽视生态价值。环境权理论是生态产品价值实现的理论基础，民法典虽然明确了生态环境损害赔偿责任，但其本质是将环境权作为私权加以保护。而环境权是由公权与私权构成的复合权利体系，仅有私法化的路径，不利于对权利的全面保护，不利于经济价值与生态价值的统一。现行法律体系缺乏综合性生态环境保护法律的基本原则以及可操作性的程序法，突出表现在：缺乏配套的法规和实施细则，相关法律法规的可操作性不强；生态环境资源法律缺乏生态环境保护方面的管理制度和措施，多头、纵向、分散的生态保护与资源管理体制不利于生态环境资源保护。此外，部分地区重点流域生态补偿保障机制更多依赖行政力量推动，缺乏长效的法律保护机制。

三 生态产品价值实现的经验借鉴

（一）界定自然资源产权是生态产品价值实现的制度基础

福建省南平市对全县林地分布、森林质量、保护等级、林地权属等进行调查摸底，并进行确权登记，明确产权主体、划清产权界限，形成全县林地"一张网、一张图、一个库"数据库管理。通过核心编码对森林资源进行全生命周期的动态监管，实时掌握林木质量、数量及分布情况，实现林业资源数据的集中管理与服务。

鄂州市以自然资源调查评价为基础，制定了自然资源确权登记试点办法，建立了统一的确权登记数据库和登记簿。对生态环境良好的梁子湖区各类自然资源进行确权登记，摸清了自然资源的权属、边界、面积、数量、质量等信息，建立了自然资源统计台账，形成权责明确、归属清晰的自然资源资产体系，为编制自然资源资产负债表、推动生态价值核算奠定基础。同时采用当量因子法开展生态价值核算。

山东省威海市通过明晰产权，明确生态修复和产业发展的实施主体。2003 年，威海市委、市政府确立了"生态威海"发展战略，引入有修复意愿的威海市华夏集团作为区域修复治理的主体。华夏集团租赁了村集体荒山荒地 2586 亩，共计投入 2400 余万元用于获得中心矿区的经营权、采矿企业的搬迁补偿和地上附着物补助等，明确了拟修复区域的自然资源产权。华夏集团将修复环境与文旅产业、富民兴业相结合，通过市场公开竞争方式取得了 223 亩国有建设用地使用权，建设了海洋馆、展馆等景区设施，同时建设了与景区配套的酒店，为后续生态管护和景区开发奠定了基础。

（二）核算价值是生态产品价值实现的技术基础

鄂州市与华中科技大学合作，依据自然资源基础数据和相关补充调查数据，采用当量因子法开展生态价值核算。根据植被丰茂度、降水量、各区水质、环境与生态质量等因素，对国内学者提出的"单位面积生态服务价值当量表"进行修正，建立反映当地特征的当量因子表，共涵盖水域湿地、水田等 8 类自然生态系统，每一类又包括原料生产、净化环境、水文调节、保护生物多样性等 11 种生态系统服务。根据各类自然资源实物量及对应生态系统的当量因子，分别计算各区的生态系统价值总量，并选择 4 种具有流动性的生态系统服务（气体调节、气候调节、净化环境、水文调节）进行生态补偿测算。按照生态服务高强度地区向低强度地区溢出生态服务的原则（价值多少代表强度高低），按照各个区 4 类服务的价值量，分别核算各区应支付的生态补偿金额。

（三）"政府＋市场"的多元化路径实现生态产品价值

福建省南平市光泽县依托水生态银行，通过股权合作和委托经营的方式引入投资运营商，对水资源进行系统性的产业规划和开发运营，推动形成绿色发展的水生态产品全产业链。实现"卖资源"，依托肖家坑水库等优质水资源，引入对生态环境和水质有高标准要求的现代渔业产业园和山泉水加工项目，发展高端鳗鱼养殖和山泉水加工，由水生态银行按 0.2 元/米³ 和 365 万米³/年标准供应养殖业用水、100 万米³/年标准供应加工山泉水。实现"卖产品"，与企业合作开展地下水开发，实施武夷山矿泉水项目，一期产值超 2 亿元。实现"卖环境"，通过整合高家水库、霞洋水库、北溪河流等优质水资源产权和水域经营权，引进体育领域企业，通过建设基地、修建精品线路，举办垂钓、越野赛事、生态旅游等活动，建设中国山水休闲垂钓名城。实现"卖高端食品"，积极发展对水源和水质要求较高的茶叶、中药材、白酒等，引入丰圣农业、国药集团、承天药业、德顺酒业等知名企业，全县年产西红柿、生菜等生态农产品超 4000 吨，现有绿色茶园面积超 3 万亩，中草药种植面积 2.4 万亩，酿酒企业 5 家，形成了与水资源相关的生态食品产业集群。

福建省南平市开展产业化、专业化和规模化开发运营，实现生态资本增值收益。实施国家储备林质量精准提升工程，采取改主伐为择伐、改单层林为复层异龄林、改单一针叶林为针阔混交林、改一般用材林为特种乡土珍稀用材林的"四改"措施，优化林分结构，增加林木蓄积，促进森林资源资产质量和价值的提升。引进实施 FSC 国际森林认证，规范传统林区经营管理，为森林加工产品出口欧美市场提供支持。积极发展木材经营、竹木加工、林下经济、森林康养等"林业 +"产业，建设杉木林、油茶、毛竹、林下中药、花卉苗木、森林康养等六大基地，推动林业产业多元化发展。采取"管理与运营相分离"的模式，将交通条件、生态环境良好的林场、基地作为旅游休闲区，运营权整体出租给专业化运营公司，提升森林资源资产的复合效益。开发林业碳汇产品，探索"社会化生态补偿"模式，通过市场化销售单株林木、竹林碳汇等方式实现生态产品价值。

（四）完善生态产品价值实现的体制机制

2010 年，苏州市制定了《关于建立生态补偿机制的意见（试行）》，在全国率先建立生态补偿机制。2014 年，在全国率先以地方性法规的形式制定了《苏州市生态补偿条例》，推动政府购买公共性生态产品，实现"谁保护、谁受益"。2010 年至今，通过三次调整补偿范围、补偿标准等政策，实现了镇、村等不同产权主体的权益，金庭镇每年的风景名胜区补偿资金和 3/4 的生态公益林补偿资金拨付到镇，用于风景名胜区改造和保护修复、公益林管护、森林防火等支出；相应的生态公益林补偿资金拨付到村民委员会，主要用于村民的森林、农田等股权固定分红、生态产业发展等，极大地激发了镇、村和村民保护生态的积极性。2019 年苏州市选择金庭、东山地区开展苏州生态涵养发展实验区建设，将其定位为环太湖地区重要的生态屏障和水源保护地，市、区两级财政在原有生态补偿政策的基础上，2019～2023 年共安排专项补助资金 20 亿元，重点用于上述区域的生态保护修复和基本公共服务。

湖北省鄂州市制定了《关于建立健全生态保护补偿机制的实施意见》等制度，按照政府主导、各方参与、循序渐进的原则，在实际测算的生态服务价值基础上，先期按照 20% 权重进行三区之间的横向生态补偿，逐年增大权重比例，直至体现全部生态服务价值。对需要补偿的生态价值部分，试行阶段先由鄂州市财政给予 70% 的补贴，剩余 30% 由接受生态服务的区向供给区支付，再逐年降低市级补贴比例，直至完全退出。2017～2019 年，梁子湖区分别获得生态补偿 5031 万元、8286 万元和 10531 万元，由鄂州市财政、鄂城区和华容区共同支付。

鄂州市出台了《生态文明建设目标评价考核办法》《绿色发展指标体系》等制度，将生态服务价值指标纳入各区年度考核，每年组织检查考核。实行领导干部自然资源资产离任审计，加强审计结果应用和整改督导，将审计整改情况作为各部门、各区领导班子年度考核、任职考核的重要依据，建立保障绿色发展的体制机制。

四 生态产品价值实现的制度设计

（一）建立生态产品价值科学评价体系

生态产品价值实现的首要问题是缺乏一套科学的、能够为市场广泛接受

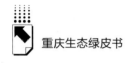
的测算评价体系。深入开展森林、流域、湿地、海洋等各类生态系统的服务价值研究，建立各类生态产品价值评估评价标准体系。针对生态产品价值实现的不同路径，探索构建行政区域单元生态产品总值和特定地域单元生态产品价值评价体系。考虑不同类型生态系统功能属性，体现生态产品数量和质量，建立覆盖各级行政区域的生态产品总值统计制度。探索将生态产品价值核算基础数据纳入国民经济核算体系。考虑不同类型生态产品商品属性，建立反映生态产品保护和开发成本的价值核算方法，探索建立体现市场供需关系的生态产品价格形成机制。探索制定生态产品价值核算规范，明确生态产品价值核算指标体系、具体算法、数据来源和统计口径等，推进生态产品价值核算标准化。

（二）健全自然资源产权制度

目前中国自然资源资产既有全民所有也有集体所有，还没有划清国家所有国家直接行使所有权、国家所有地方政府行使所有权、集体所有集体行使所有权、集体所有个人行使承包权等各种权益的边界。应加快建立统一的自然资源资产登记平台，尽可能对相应自然资源进行统一确权登记，明确各类自然资源产权主体权利，创新自然资源全民所有权和集体所有权的实现形式，建立完善全民所有自然资源资产有偿出让制度。加快推进自然资源有偿使用制度改革，通过价值反馈，全面准确地反映自然资源市场供求、资源稀缺程度、生态环境损害成本和修复效益。在重点领域，加快推进土地、矿产、森林、水资源、海域海岛等资源有偿使用制度。同时，加快自然资源及其产品价格改革，将资源所有者权益和生态环境损害等纳入自然资源及其产品价格形成机制。

（三）建立完善生态产品经营开发机制

推进生态产品供需精准对接。推动生态产品交易中心建设，定期举办生态产品推介博览会，组织开展生态产品线上云交易、云招商，推进生态产品供给方与需求方、资源方与投资方高效对接。通过新闻媒体和互联网等渠道，加大生态产品宣传推介力度，提升生态产品的社会关注度，扩大经营开发收益和市场份额。加强和规范平台管理，发挥电商平台资源、渠道优势，推进更多优质生态产品以便捷的渠道和方式开展交易。

拓展生态产品价值实现模式。在严格保护生态环境前提下，鼓励采取多样化模式和路径，科学合理推动生态产品价值实现。鼓励打造特色鲜明的生态产品区域公用品牌，将各类生态产品纳入品牌范围，加强品牌培育和保护，提升生态产品溢价。建立和规范生态产品认证评价标准，构建具有中国特色的生态产品认证体系。对开展生态产品价值实现机制探索的地区，鼓励采取多种措施，加大对必要的交通、能源等基础设施和基本公共服务设施建设的支持力度。

推动生态资源权益交易。鼓励通过政府管控或设定限额，探索绿化增量责任指标交易、清水增量责任指标交易等方式，合法合规开展森林覆盖率等资源权益指标交易。健全碳排放权交易机制，探索碳汇权益交易试点。健全排污权有偿使用制度，拓展排污权交易的污染物交易种类和交易地区。探索建立用能权交易机制。探索在长江、黄河等重点流域创新完善水权交易机制。

（四）健全生态产品保护补偿机制

建立政府纵向采购机制。实行生态产品的最低保护价采购和激励性采购。建议将生态功能区基本公共服务供给所需投入全面纳入生态产品购买范畴，纳入市级以上财政预算，并纳入市生态产品采购基金统筹支付范围。生态采购资金分为最低保护价采购和激励性采购两部分。最低保护价采购，根据区县的基本财力与维持当地基本公共服务支出水平的需要而确定，其目的在于把生态保护与保障改善民生、提高基本公共服务水平有机结合。激励性采购，根据区县的生态产品指标考核情况计算确定，其目的在于调动区县提高生态产品生产能力的积极性，从而促进生态保护地区经济社会全面协调可持续发展。

建立政府横向交易机制。配额交易是国外生态补偿市场化的重要途径之一。建议参考碳交易机制，选取生态建设区配额交易模式作为生态效益市场

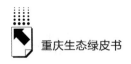

化补偿的试点。按照全市生态建设的总目标，确定生态建设区面积占全市总面积的百分比，以此为全市生态建设区的配额标准。

实施生态标签制度。建立组织机构和完善工作机制。由市质监局负责组织全市生态产品生态标签认证工作，确定生态标签认证的产品目录；建立完善生态标签认证的推荐、评定、监督管理、退出等制度。完善配套政策。发改委、经信委、商委、科委、农委、林业局、环保局等部门应加强沟通与合作，给予获得生态标签的园区、企业更多的产业政策、科技政策和财税政策等政策倾斜，以及资金资助和项目支持；对来自生态功能区的生态产品标签使用费给予减免；实施生态标签产品营销推广模式，推动绿色政府采购计划。

实行生态环境损害赔偿。大幅度提高违法成本，对企业和个人破坏生态环境的行为加大处罚力度，通过健全生态环境保护的法律规章、评估方法和实施机制，强化生产者和消费者的环境保护法律责任，对违反环保法律法规的，依法严惩重罚；对造成生态环境损害的，以损害程度等因素依法确定赔偿额度；对造成严重后果的，依法追究刑事责任；在全社会形成"谁污染、谁负责"和"不敢破坏、不想破坏、不能破坏"的共识和氛围。

（五）完善生态产品价值实现相应法律法规

制定生态保护相关规范和标准。逐步形成覆盖水、大气、噪声、土壤、放射性等多个领域的生态环境污染损害鉴定评估办法。严格落实"两高"司法解释。法院、检察院、公安、环保等部门联合出台关于环境污染刑事案件的取样、取证、工作程序、认定标准等具体细则，明确执法人员刑事取证程序。

构建以生态产品价值实现专项法律为引领，以生态补偿、水权交易、碳汇交易、生态产品项目建设公私合作、生态产品项目融资等具体领域法律为组成部分的法律保障体系。生态产品价值实现专项法律建设，要把分散于环境与资源保护的单行法规中有关生态产品价值实现的法律条文及保障功能集中于专项法，对生态产品供需主体及相关权责利、价值评估机制和方法、市场交易规则、产权归属等方面作出详细的法律规定。生态补偿、水权交易、碳汇交易、生态产品项目建设公私合作、生态产品项目融资等具体领域法律建设，要依据生态产品价值实现专项法律精神，增强其"保障生态产品价值实现"的法律功能，并提升其与生态产品价值实现专项法律的融合性。

（六）加大生态产品价值实现保障力度

建立生态产品生产的考核评价制度。健全以生态产品市场能力为核心的考核评价机制。要改变过去以 GDP 为主的传统考核机制，切实把生态产品生产能力、产品质量标准和生产规模纳入经济社会发展评价体系，形成生态功能区生态文明建设的长效机制。大幅度降低对经济增长贡献的考核和指标权重，提高对生态涵养的考核和指标权重。一方面，重点考核生态环境保护、特色效益农业、生态旅游、基础设施建设等，提高其考核权重；另一方面，对经济发展指标，要合理确定总量与增量的考核权重。优化考核方式。要注重阶段性考核与年终一次性考核的有机结合，加大对阶段性工作的考核力度，增加其考核结果在最终结果中的比重；另外，要强化结果的运用，进一步提高考核结果的公开力度，充分发挥考核工作的"指挥棒"作用，引导区县领导班子和领导干部重实绩、谋发展和创佳绩。

加大绿色金融支持力度。开展水权和林权等使用权抵押、产品订单抵押等绿色信贷业务，探索"生态资产权益抵押＋项目贷"模式，支持区域内生态环境提升及绿色产业发展。鼓励银行机构按照市场化、法治化原则，创新金融产品和服务，加大对生态产品经营开发主体中长期贷款支持力度，合理降低融资成本，提升金融服务质效。鼓励政府性融资担保机构为符合条件的生态产品经营开发主体提供融资担保服务。探索生态产品资产证券化路径和模式。

五　重庆森林生态产品价值实现改革探索

近年来，重庆在生态产品增值、林权、地票、林票等方面积极探索，努力实现绿水青山向金山银山的转化。

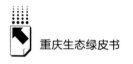
（一）重庆梁平区林权改革探索

梁平区位于重庆东北部，区域面积 1892 平方公里，辖 33 个乡镇，总人口 93 万，是国家可持续发展实验区、国家生态文明先行示范区、国家循环经济示范区、全国农村改革试验区。梁平资源富集，地理位置优越，有巴渝第一大平坝——梁平坝子，沃野千里、碧田万顷，素有"四面青山下，蜀东鱼米乡，千家竹叶翠，百里柚花香"之美誉，有"小天府"之称。梁平是"中国名柚之乡""中国寿竹之乡"，生态基础良好。梁平区先后获评"全国造林百佳县"、"全国绿化模范县"和"中国特色竹乡"等荣誉称号。梁平坐拥双桂湖国家湿地公园和东山国家森林公园，百里竹海荣登中国首批"森林氧吧"。

梁平区集体林权制度改革从 2008 年下半年启动，至 2009 年完成，涉及林改的行政村有 267 个、农户 13.2 万户；林改面积 79.76 万亩，发放林权证 10.2 万本，全区集体林权制度改革实现 100%，颁（换）发林权证100%，初步实现了"还山于民、还权于民、还利于民"的林权制度主体改革目标。主要做法如下。

1. 森林资源股权化改革

梁平区组织集体林权制度改革时，按照"有利于生态保护，有利于长远发展，有利于产业经营，有利于农民增收"的原则，针对当地实际，因地制宜地确定林改模式，做到"均山（林）、均股、均利到人，发证到户"。主要有三种形式：一是"均林"到户。林地效益好的，同时村民又愿意经营的，通过均林到户实行家庭承包；人均林地较少的，自愿组合联户承包。通过这两种方式有效保证了农民的初始分配权利。二是"均股"到户。对不宜分林分地的情况，具备开发条件的森林资源由集体经济组织统一经营，实行一人一股、一户一证，再按股分红，保证村民的知情权、参与权、决策权和监督权。三是"均利"到户。不宜采取均林到户的林地、林木，采取拍卖、租赁、大户承包等方式落实经营主体，承包或流转所获得的收益，大部分均分到户，小部分留给集体搞公益事业。

2. 股权实现方式

"农民得实惠"是我国林权制度改革的基本原则。梁平区经过集体林改确权之后，林农人均分得林地1.01亩，林农通过承包经营集体林地、森林采伐、林下资源开发等形式获得更多经济收入。通过林权制度改革，促进了林业资源向资产，以及资产向资本的转变，增加农户增收途径。梁平区林业资产向资本转变的主要实现模式有以下几种。

创新大户、联户承包经营管理模式。梁平区七星镇金柱村4组村民何成昌等承包本组寿竹山1400余亩，期限20年，承包费35万元，涉及农户年效益增长40%，并解决部分剩余劳动力就业问题；龙镇山河村村民叶贻平等承包本村集体马尾松林1500余亩，期限40年，承包费90万元。为每名村民增收600余元的同时还用于公益开支，硬化公路2公里多，使农户真正得到实惠。

采取"专业合作社+基地+农户"、"公司+基地+农户"和自主筹建经营林业公司等模式，引进和培育林业企业10家，其中龙头企业2家；培育林业大户317家；建立各类林业专业合作社223个（其中国家级示范社1个），创建森林人家20家，建立家庭林场2家，森林景观利用1.68万户，建成花椒、笋竹、橄榄、花卉苗木特色基地86.4万亩，其中花椒基地50万亩，实现产值30亿元。如文化镇2013年引进成立重庆文然农业开发有限公司，从事花椒种植、初深加工、销售、农业综合开发和现代休闲观光农业。栽种九叶青花椒8820亩，涉及农户2000多户，1.3万余人每年获劳务补偿200万元。

调动社会资本，打造混合所有制林业经济。在林业改革中，梁平区在确保现有森林资源得到有效保护利用和现有森林资产保值增值的前提下，坚持因地制宜、合法合规、合作共赢的基本原则，积极招商引资，采取公司、大户以资金投入，林农以森林资源入股，林农按股分红的模式，积极打造混合所有制林业经济。如2012年铁门乡引进重庆市乾丰农业开发有限公司在长塘流转土地和林地近3000亩从事旅游开发和油茶种植，该村

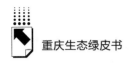

农民将土地、林地的经营权转出，在获得租金外，重庆乾丰农业开发有限公司在流转 10 年后将收益的 20% 给土地、林地出租的农户。合兴镇大户刘登科土地流转退耕还林地 1490 亩，带领村民成立了祥云种植专业合作社，农户以土地入股，按土地入股收成的 50% 进行分成。2015 年流转土地 998 余亩，种植油茶，纳入新一轮退耕还林，其中享受的退耕还林资金 50% 给农户，另 50% 用于种植基地基础设施建设，修建公路和油菜基地人行便道。

综上，梁平区通过创新林业生产经营模式、林业管理服务模式、投融资支持模式以及生态保护和建设模式，探索、推进"资源变资产、资金变股金、农民变股民"的林业改革，保护了生态、发展了产业，全区森林覆盖率达到 44.67%；2017 年，梁平区经济林种植面积达 64 万亩，投产 16 万亩，年产量 7 万吨，产值 65436.9 万元，为深化集体林权制度改革、促进梁平区乡村振兴和城乡经济社会一体化发展进行了有益探索。

（二）重庆梁平区竹产业生态产品增值

梁平有利的气候条件适宜竹林生长，成为寿竹、白夹竹、慈竹等生长的重要区域，是重庆市竹子品种最丰富、竹林面积最大、竹材蓄积量最多的区县。截至 2017 年底，梁平区竹林面积 42.8 万亩，全区各类竹材总蓄积量 150 余万吨。在诸多竹种中，寿竹作为重庆市审定的林木良种，是梁平区特有的竹种资源，是梁平发展竹产业的首选竹种。梁平区竹海林场建有寿竹良种基地 1 个，全区现有寿竹苗圃 3 个，年可产寿竹竹苗 250 万株左右。

竹材是梁平林业资源的重要种类，在以产业发展带动实现生态产品价值方面具有代表作用。梁平区现有竹帘、竹编、造纸、竹签、竹片等本地加工企业 81 余家，生产的产品主要有竹家具、纸品、竹签、香签等。主要做法如下。

1. 规划建设屏锦竹产业园

梁平区加强与西南油气田分公司等单位的对接，利用重庆气矿七桥基地闲置地产，充分挖掘烟花爆竹生产企业转型发展腾退地，规划建设完成屏锦竹产业园，完善产业园道路及水电气视讯等配套基础设施。

2. 加快完善基础设施

梁平区加强林区道路、作业便道、蓄水池、肥水一体化灌溉系统、机械化运输装备等配套基础建设，建设竹林运输道路100公里、生产作业便道300公里、蓄水池50000立方米、肥水一体化灌溉系统100公里，采购5套机械化运输装备，改善生产条件，提高生产效率，降低生产成本，促进集约化经营。

3. 改革林业经营制度

改革林业产业化项目资金补贴制度，制定支持竹林规模经营、集约发展的指导意见。梁平区财政、农委、国土等部门在集体经济、美丽乡村、国土整治等方面的资金要优先用于产竹重点村。引导支持屏锦、竹山、七星、龙胜等乡镇林农以竹林地林权入股村集体经济组织，由村集体经济组织统一管理经营本集体经济组织的竹林，林农按集体经济收益分红，参与劳动取得劳务收入。

4. 推进竹子科技创新

梁平区加强与中国林科院、中国国际竹藤中心、中国林学会、南京林业大学、浙江农林大学、重庆市林业科学研究院等涉竹高校及科研院所的紧密合作，筹建梁平竹产业发展专家咨询委员会。以龙头企业为依托，组建竹研究院，聘请国内知名专家担任名誉院长。充实、强化梁平竹子研究所的职责、职能，提高竹产业种苗繁育、栽培、抚育技术，组织竹种繁育、栽培、抚育等难题的技术攻关，提高竹林单产效益。

5. 加大资金扶持力度

梁平区设立了区级竹产业发展基金，用于梁平竹产业发展，重点用于激励加工企业发展。2018年开始，梁平区每年拟财政拨款500万元作为竹产业发展专项基金，另战略储备林基金贷款资金2亿元用于2018～2020年梁平竹产业发展。

6. 建立督查考核机制

将竹产业发展纳入全区综合目标考核内容，对责任乡镇（街道）和部门进行考核。由区委督查室、区政府督查室牵头，竹产业化办公室配合，对各责任单位牵头的工作任务完成情况进行进度督查，确保各项任务按期完成。

（三）重庆"林票"制度的探索

重庆探索建立"林票"制度的目的，是要在严格林地使用定额控制前提下，参照耕地占补平衡制度，探索林地先补后占机制。同时探索建立提高森林覆盖率的激励机制，调动全社会保护发展森林资源的积极性。主要做法如下。

1. 交易主体

区县主体。各区县政府是实施横向生态补偿、提高森林覆盖率的责任主体，履行横向生态补偿转移支付补偿义务，享有受偿权利。购买森林面积指标的区县与出售森林面积指标的区县充分沟通、友好协商、自愿交易。

2. 主要目标

全力推进国土绿化。对标 2022 年全市森林覆盖率目标要求，各区县全面加强国土绿化工作，大力提升本行政区域森林覆盖率。到 2022 年，国家确定的产粮大县或菜油主产区的森林覆盖率目标值不低于 50%；既是产粮大县又是菜油主产区的森林覆盖率目标值不低于 45%；其余区县的森林覆盖率目标值不低于 55%。

未达到目标值的区县要加大工作力度，千方百计提高森林覆盖率；同时可以向森林覆盖率高出目标值的区县购买森林面积指标；已超过目标值的区县，原则上在国土绿化提升行动中至少新增森林覆盖率 5 个百分点。

3. 森林覆盖率认定

市林业局组织开展年度林地变更调查工作，按照《森林法实施条例》规定，将郁闭度 0.2 以上的乔木林地面积和竹林地面积、国家特别规定的灌木林地面积、农田林网以及村旁、路旁、水旁、宅旁林木的覆盖面积计入森林面积，依规认定各区县森林覆盖率。

对照国家相关规定，考虑主城区的功能定位和城镇化率高的实际，将主城区城市建成区内林木郁闭度达到 0.2 以上的城市公园和快速路、水系两旁公共空间的乔木林（不含小区绿化）面积按规定折算计入森林面积。

4. 交易制度与价格

可供出售的森林面积指标是指 2012 年以后人工造林形成的符合国家标准的森林面积指标。拟购买森林面积指标的区县应首先加大本行政区域国土绿化工作力度，主城各区（除渝中区外）要确保在国土绿化提升行动中本行政区城内新增森林覆盖率不低于 10 个百分点，其他区县要确保本行政区域内森林覆盖率不低于 45%。

购买与出售森林面积指标区县根据森林所在位置、质量、造林及管护成本协商确认森林面积指标价格，原则上不低于指导价（暂定 1000 元/亩），一次性支付。同时，购买森林面积指标的区县还需从购买之时起支付相应面积的森林管护经费，原则上不低于指导价（暂定每年 100 元/亩），管护年限原则上不少于 15 年，管护经费可分年度支付，也可约定分 3 ~ 5 次集中支付。

拟购买森林面积指标的区县应根据本行政区域内森林覆盖率实际，结合国土绿化提升行动推进情况，从 2019 年开始分年度购买森林面积指标，于 2021 年 12 月底前购买完毕。

拟购买森林面积指标的区县应主动衔接出售森林面积指标的区县，就购买指标面积、位置、价格、管护及支付进度等相关内容达成一致后，在市林业局见证下，签订购买森林面积指标的三方协议。协议履行后，由甲乙双方联合向市林业局报送协议履行情况，由市林业局完成森林面积指标转移、森林覆盖率目标值确认等工作。

出售森林面积指标的区县必须确保交易后本行政区域内森林覆盖率不低于 60%（扣除交易指标）。

5. 资金来源

购买森林面积指标的区县政府应将本级政府承担的横向生态补偿资金纳入年度预算安排，按协议约定支付横向生态补偿资金；出售森林面积指标的

区县政府应依法严格保护涉及地块森林资源，合法、合规、合理使用横向生态补偿资金，确保全部用于森林资源保护发展，严禁挪用。

参考文献

黄如良：《生态产品价值评估问题探讨》，《中国人口·资源与环境》2015年第3期。

杨艳、李维明、谷树忠等：《当前我国生态产品价值实现面临的突出问题与挑战》，《发展研究》2020年第3期。

曾贤刚、虞慧怡、谢芳：《生态产品的概念、分类及其市场化供给机制》，《中国人口·资源与环境》2014年第7期。

高吉喜、范小杉、李慧敏等：《生态资产资本化：要素构成·运营模式·政策需求》，《环境科学研究》2016年第3期。

李维明、李博康：《重庆拓展地票生态功能实现生态产品价值的探索与实践》，《重庆理工大学学报》（社会科学）2020年第4期。

杨庆育：《论生态产品》，《探索》2014年第3期。

龚迎春、罗静：《主体功能区引领下的农业生态区农业发展模式比较研究》，《河南师范大学学报》（哲学社会科学版）2013年第6期。

呼东方、张建国：《重庆地票：农村集体建设用地制度改革的破冰之举》，《新西部》2018年第10期。

中国农业信息网：《重庆首个横向生态补偿提高森林覆盖率协议签订》，《南方农业》2019年第10期。

G.7
重庆生态康养产业发展探索实践

彭国川　朱旭森　游静　杨玲　罗军*

摘　要： 加快生态康养产业发展是实现新旧动能转化的重要抓手，是实现生态优先绿色发展的重要载体，是推进高质量发展实现高品质生活的重要举措。重庆发挥区位条件、资源禀赋、产业基础、体制机制等优势，生态康养产业取得了长足发展。面向未来，还应通过完善顶层设计、强化政策支撑、建设发展试验区、延伸产业链条、完善基础设施以及强化市场营销等举措，加快推进重庆生态康养产业高质量发展。

关键词： 生态康养　产业发展　三生融合

　　党的十八大以来，党中央高度重视大健康事业和产业发展。习近平总书记指出，"健康是促进人的全面发展的必然要求，是经济社会发展的基础条件，是民族昌盛和国家富强的重要标志，也是广大人民群众的共同追求"，并提出"实施健康中国战略，为人民群众提供全方位全周期健康服务"。2020年出台的《关于新时代推进西部大开发形成新格局的指导意见》指出，

---

* 彭国川，重庆社会科学院生态与环境资源研究所所长，研究员，主要从事生态经济、产业经济、区域经济研究；朱旭森，重庆社会科学院城市与区域经济研究所副所长，研究员，主要从事区域经济、大都市圈发展、土地资源利用研究；游静，重庆科技学院教授，主要从事科技创新、管理信息系统研究；杨玲，重庆社会科学院市情与发展战略研究所副所长，研究员，主要从事城市经济、房地产管理研究；罗军，重庆科技学院副教授，主要从事知识管理、教育管理研究。

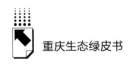
要"大力发展旅游休闲、健康养老等服务业,打造区域重点支柱产业"。中共重庆市委高度重视康养产业发展,2017 年 7 月以来,市委、市政府坚持尽力而为、量力而行,切实加大民生投入,实施了一系列民生实事,特别是为广大市民提供了更高端的医卫服务、更便利的健身条件、更优质的健康服务,不断满足市民日益增长的对健康生活的美好向往和需求,用务实举措让市民感受到市委、市政府全面落实总书记殷殷嘱托的信心和决心。

一 重庆生态康养产业发展的宏观环境

康养产业是以康养活动为中心形成的综合性产业,包括为社会提供康养产品和服务的各相关产业部门组成的业态总和,具体包括维护健康、修复健康、促进健康的产品生产、服务提供及信息传播等产业活动。根据 2020 年 6 月 1 日发布实施的《生态康养基地评定标准》,生态康养是指,以优良的自然生态、自然景观和与之共生的人文生态为依托,以促进人与自然和谐为准则,采取生态友好、绿色低碳、文明健康方式,将生态理念、生态体验和生态行为融于日常生活并基于生态资源获得心身愉悦的一种健康养老、健康养生的生活方式。生态康养产业是指依靠生态资源,配备相应的养生休闲及医疗设施,开展游憩、度假、疗养、保健、养老等服务。

(一)发展意义

1. 生态康养产业是满足人民健康需求的民生产业

新时代背景下,健康供给难以满足人民日益增长的健康需要,健康发展落后于经济和社会发展,工业化、城镇化、人口老龄化、生态环境以及生活方式的变化也给维护和促进人民健康带来一系列挑战。当前,我国健康供给和健康发展滞后于经济和社会发展。截至 2017 年底,全国 60 岁及以上老年人口达到 2.41 亿人,占总人口的 17.3%,预计至 2030 年将突破 25%。重庆市 60 岁及以上人口超过 700 万。另外,慢病引起的疾病负担占中国整个疾病负担的 70%,亚健康已成为社会健康普遍状态。"健康中国"战略指明了康养产业正是满足人们幸福生活需求的产业，将民众的健康诉求与制度创新、发展模式创新和产业创新相融合，将直接促进康养产业崛起。积极推进生态康养产业发展，为满足重庆市民众更高层次、多元化、个性化健康需求，提升民众获得感、幸福感，实现高品质生活提供了重要保障。

2. 生态康养产业是实现"生态优先绿色发展"的载体产业

2016 年 1 月，习近平总书记视察重庆，指示重庆要深入实施"蓝天、碧水、宁静、绿地、田园"环保行动，建设长江上游重要生态屏障，推动城乡自然资本加快增值，使重庆成为山清水秀美丽之地。康养产业属于低碳绿色产业。重庆立足生态资源禀赋，充分运用生态文明建设成果，发展低能耗、低污染、低排放的康养产业，有利于推动森林草场、空气水源等生态资源和农产品、中草药等生态产品价值实现，推进生态产业化；将"生态 +"理念融入产业发展全环节、全过程、全领域，有利于推进资源节约、环境保护、节能减排，推动产业生态化发展。因此，大力发展康养产业是学好用好"两山论"、走深走实"两化路"的生动实践，是高质量建设山清水秀美丽之地、推动生态优势转化为经济优势、把"绿水青山"变成"金山银山"的载体，使重庆在推进长江经济带绿色发展中切实发挥示范作用。

3. 生态康养产业是构建双循环新格局的重要产业

习近平总书记视察重庆时强调，重庆"要扭住深化供给侧结构性改革这条主线，全面贯彻落实'巩固、增强、提升、畅通'的八字方针，结合实际在固本开新求变上下功夫"。党的十九届五中全会提出，"以推动高质量发展为主题，以深化供给侧结构性改革为主线"，"加快构建以国内大循环为主体、国内国际双循环相互促进的新发展格局"。重庆以"康养 + 农业""康养 + 制造""康养 + 服务"推动康养经济的多元行业体系加速发展，带动相关上下游产业发展，不断延伸全产业链，提高产业附加值；同时促进最前沿科学技术向康养相关产业集聚，培育和发展新的产业集群，通过技术创新和规模效应形成新的竞争优势，促进产业结构迈向中高端水平，推动经济迈向高质量发展。康养产业是连接经济发展与民生福祉的载体产业，康养产业直接为人民群众提供全生命周期的卫生与健康服务，有效满足了人民对

美好生活的向往，成为推动形成新发展格局的重要举措。

4. 生态康养产业是推进乡村振兴的支撑产业

习近平总书记视察重庆时指出，"重庆集大城市、大农村、大山区、大库区于一体，协调发展任务繁重"。康养产业是城乡联系最紧密、最广泛的产业。重庆依托农村山清水秀的自然风貌，顺应城乡居民消费拓展升级趋势，挖掘新时代农业农村休闲养老、民俗旅游、慢病疗养等多种功能和多重价值，延伸发展与康养有关的中药、运动、有机农业等产业，推动乡村资源全域化整合、多元化增值，夯实乡村振兴高质量发展的产业基础，不断完善产业与农户利益联结机制，推动城乡基本公共服务均等化、基础设施联通化、居民收入均衡化、要素配置合理化、产业发展融合化。康养产业具有明显的资源异地供给优势，通过生态、康养资源的整体性、系统性、综合性规划与开发，实现城乡、区域，包括成渝地区双城经济圈以及渝黔、渝鄂等毗邻地区的基础设施、产业、信息、市场、服务和生态一体化建设，培育区域协调发展增长极。

（二）发展态势

1. 生态康养业态日益丰富

2009～2016年，我国康养产业规模由1.55万亿元提升到5.61万亿元，年均增长20.17%，显著高于同期GDP增速。国务院《关于促进健康服务业发展的若干意见》提出，到2020年我国健康服务业总规模要达到8万亿元以上，约合1.31万亿美元，健康支出占GDP比重将达到6.5%～7%。未来，康养产业规模仍将以较高速度增长。

养老产业。国家统计局数据显示，目前，我国养老产业市场规模超过2万亿元，到2020年，每位老人每年消费金额约为1.37万元，养老产业市场规模将扩大到3.4万亿元。未来养老产业在医疗保健、医疗护理、家政服务、娱乐休闲、日常消费和信息平台等领域将迎来快速的需求增长。

健康管理。根据相关机构的测算，我国健康管理市场潜在规模大约600亿元，而现阶段仅完成了30亿元左右，超过500亿元市场空缺有待填补，健康管理产业未来发展空间巨大。未来健康管理领域，健康管理组织发展将成为主流，并推出私家医师、健康会所、长途问诊、移动医疗等多种健康管理业务。

养生旅游。根据专业机构的测算，养生旅游的行业热点包括生态观光旅游、乡村养生度假、森林康复疗养旅游、温泉浴养旅游等。未来五年，养生旅游年均增长率为20%左右。2020年市场规模在1000亿元左右，市场规模将快速扩大。

康复医疗。2015年国内康复医疗市场规模约270亿元，至2020年我国康复医疗产业规模达到700亿元左右，年复合增速不低于20%。中西医融合康复治疗、运动康复、文化康养等成为发展重点。

2. 生态康养将成为区域重要支柱产业

2020年5月17日发布的《关于新时代推进西部大开发形成新格局的指导意见》，明确指出"依托风景名胜区、边境旅游试验区等，大力发展旅游休闲、健康养生等服务业，打造区域重要支柱产业"。西部地区推进生态与田园、康养、中医药、文化、旅游、教育、互联网等产业深度融合，形成新的经济增长点。

贵州省提出建设"国际知名的宜居颐养胜地"，发挥贵州自然养生资源独特、健康养生文化底蕴深厚等优势，重点发展以旅游、健康、生态、文化等为依托的生态文化休闲体验、避暑度假和健康养老等休闲养生；以绿色有机食品、中药材等为依托发展绿色有机健康养生食品、药膳健康养生产品和中医保健等滋补养生；以山地、湖泊水体等为依托，发展山地户外运动和水上运动等康体养生；以温泉资源为依托，发展温泉疗养、温泉保健等温泉养生。四川省出台《四川省大力发展生态康养产业实施方案（2018—2022）》，提出到2022年，全省生态康养年服务2.5亿人次，年产值突破1000亿元，全省将建成生态康养基地250个、康养步道5000公里、康养林1000万亩，森林康养、阳光康养和园艺康养、温泉疗养为生态康养的重点内容。

陕西省安康市发布《关于加快生态康养产业发展的指导意见》，加快

"康养+"新业态培育和产业融合发展，构建生态康养产业体系，打造国际健康城，培育西部生态康养产业强市，把安康建设成为国内一流、国际知名的生态养生之都和康养旅游度假目的地。

二 重庆生态康养产业发展基础

（一）发展条件

1. 区位条件优越

一是战略位置重要。重庆是西部大开发的重要战略支点，是"一带一路"和长江经济带的联结点，区位优势十分突出。在国家区域发展和对外开放格局中，重庆是内陆开放高地，中欧班列（重庆）、陆海贸易新通道、中新互联互通战略性项目以及自由贸易试验区等重要平台，将助推重庆在新时代西部大开发和全方位对外开放中更好地发挥前沿带动和引领作用。

二是交通体系较为完善。2017年7月以来，重庆实施交通建设"三年行动计划"，构建起集高铁、高速公路、航空、水运于一体的立体交通网络体系，形成连通东南西北四个方向的大通道，可辐射周边贵州、四川、云南、陕西、湖北、湖南等省份近3.3亿人口。独特的战略定位、便捷的交通条件，有助于发挥规模效应、聚集效应和虹吸效应，形成消费聚集、品牌汇集、流通集散的康养产业集聚区，为重庆康养产业发展插上腾飞的翅膀。

2. 资源禀赋独特

一是生态条件宜居宜养。重庆生态环境良好，地处北纬28°~32°，海拔800米以上避暑宜居区域面积达3万多平方公里；全市森林覆盖率为50.1%，森林空气负氧离子每立方米超过1200个。2018年全市空气质量优良天数达316天，城市集中式饮用水水源地水质达标率100%。重庆是中国气象局认定的"国家气候养生旅游示范基地"，适合"避暑""避寒""避霾"全天候康养。

二是文化多样资源富集。巴渝文化、三峡文化、革命文化、抗战文化、移民文化、民族文化水乳交融，感染力强。众多的农耕习俗、民风民俗、节庆活动、饮食习惯，渗透"天人合一"养生养心理念的土家、苗族等民族风俗，为发展康养产业奠定了基础。

三是旅游品牌吸附力强。全市有世界自然遗产武隆喀斯特、南川金佛山和世界文化遗产大足石刻，享誉中外的合川钓鱼城、涪陵白鹤梁，武隆仙女山、奉节夔门、云阳龙缸等世界级自然奇观，解放碑、洪崖洞、李子坝轻轨穿楼、过江索道等网红景点，长江风景眼、重庆生态岛广阳岛建设成亮点，山城步道、边坡治理成风景，引无数游客慕名打卡。

3. 产业基础较好

一是医疗资源较为丰富。截至 2018 年底，重庆拥有各类医疗卫生机构 20524 个，其中三甲医院 36 家，在全国最佳医院排名榜上，重庆居西部前列。每千人口执业（助士）医师数 2.46 人，每千人口注册护士数 3.07 人，每千人口公共卫生人员数 0.45 人，每万常住人口全科医生数 2.06 人。全市拥有国家临床重点专科 29 个，拥有国家儿童健康与疾病临床医学研究中心，有国家重点实验室、国家工程技术研究中心等国家级医药技术平台 7 个和市级医药技术平台 50 多个。重庆药交所是全国首家以现代信息技术为支撑的电子交易平台，形成集药品和医疗器械交易、货款结算、金融服务、信息咨询等于一体的综合服务体系。

二是医药制造基础好。重庆曾是"全国六大制药基地"之一，化学药品、中药、医疗器械等产业优势明显，特别是可药用天然气化工产品 3000 多种。现有规上医药企业 176 户，大新药业是全球最大的洛伐他汀原料药生产企业；凯琳制药是我国最大的盐酸克林霉素生产和出口企业，福安药业、圣华曦药业、莱美药业的氨曲南原料药占全国的 80% 以上。近年来，"海扶刀"、"胶囊内窥镜"、"人工心脏"、分子检测、细胞治疗药物、抗体药物等新兴生物医药产业发展迅速，两江新区水土产业园、重庆国际生物城等生物医药产业园区形成规模。

三是道地中药特色鲜明。重庆有石柱黄连、秀山山银花道地药材 35 种，2018 年全市中药材种植面积约 180 万亩。有国家中药现代化科技产业（重

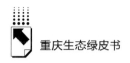

庆）基地 1 个，石柱黄连、酉阳青蒿等国家 GAP 基地 6 个。苗族医药、三峡地区"还阳药""七药"等地域中医文化特色突出。

四是效益农业绿色健康。柑橘、生态渔业、草食牲畜、茶叶、榨菜、中药材、调味品等七大特色效益农业发展，极具地方比较优势。市内部分区域依托土壤富集"硒""锌"等微量元素优势，积极发展富硒茶叶、富锌大米、油料、果蔬和禽畜等有机绿色农产品。

五是森林康养基础设施初具规模。全市已建成市级以上森林公园（生态公园）85 处、湿地公园 26 处、绿色新村 16 个、全国生态文化村 30 个、市级和国家级森林氧吧 30 多处、森林人家 3200 多家，初步建成森林康养基地 10 个，在全国率先建成覆盖全市的森林空气负氧离子监测网络。

六是康养运动方兴未艾。体育运动设施持续改善，各类赛事蓬勃发展，连续多年举办重庆国际马拉松赛、中国武隆国际山地户外运动公开赛、重庆长寿湖国际铁人三项赛等品牌赛事活动。重医附属医院设立运动门诊，建设黑山谷国际运动医院，成为重庆市首个运动医院，为市民开具"运动处方"。

4. 体制优势突出

一是行政体制运转高效。重庆行政管理扁平化、办事效率和决策效率高；在推动康养产业发展上，全市"上下一盘棋""一张蓝图绘到底"，建立各部门联动、全社会参与的康养产业发展综合协调机制，为康养产业发展营造了良好的营商环境和市场环境。重庆积极推行城乡融合发展，围绕户籍制度、土地管理、社会保障、金融创新、公共财政等深化改革和探索，探索建立满足康养发展需求的领导组织体系、规划体系、制度体系和工作机制，有利于探索康养产业发展的新机制、新模式、新路径。

二是政策红利空间较大。《关于新时代推进西部大开发形成新格局的指导意见》和成渝地区双城经济圈重大战略等落地实施，重庆在土地、财政、金融、税收等多个领域的优惠政策将陆续出台，有利于康养产业引入产业资金、引进大型项目、吸引专业人才等，形成良好的康养产业发展态势。随着新时代西部大开发的持续深入和成渝地区双城经济圈建设的加快推进，交通、通信、供水供电、商业服务、科研与技术服务等市政公用工程设施和公共生活服务设施将得到显著提升，为人才培养、技术创新等创造了更加有利的环境，必将推动康养产业持续健康发展。

（二）发展现状

生态康养产业市场空间巨大、前景乐观，近年来，重庆市进行了积极探索实践。

1. 市级层面高度重视康养产业发展

一是制定了相关规划。《"健康重庆2030"规划》将发展康养产业作为推进健康重庆建设的重点工作，提出从优化多元办医格局、推进健康服务新业态、加快发展医药产业、发展健康食品产业、发展健康休闲运动产业等5个方面推进健康产业发展，康养产业也被纳入《重庆市国民经济和社会发展第十四个五年规划和二〇三五年远景目标纲要》和《重庆市社会事业发展"十三五"规划》。

二是出台了一系列政策。印发了《关于推进医疗卫生与养老服务相结合的实施意见》《重庆市健康医疗大数据应用发展行动方案（2016—2020年)》《关于加快发展体育产业促进体育消费的实施意见》《关于加快推进养老服务业发展的意见》等政策配套文件，明确健康产业各行业支持政策和保障措施。

2. 区县把康养产业作为"绿色发展"的支撑产业

据不完全统计，重庆市有9个区县明确把康养产业作为县域支柱产业打造，各区县主要依托优势生态资源、中医药资源和高山资源等，积极把康养产业培育成为区域"生态优先、绿色发展"的支撑产业（见表1）。

表1　部分区县康养产业定位与重点产业

序号	区县	康养产业定位与目标	发展重点产业
1	石柱	以"生态康养"为统领，健康与养生双核驱动，一二三产业融合，构建大康养产业体系。到2025年，康养产业增加值达到225亿元，占GDP比重达到60%	观养、食养、疗养、文养、动养、住养和康养制造"6＋1"产业

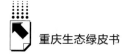
续表

序号	区县	康养产业定位与目标	发展重点产业
2	云阳	打造"生态健康产业强县",建设"三峡健康城",2021年全县健康产业产值达到200亿元,健康产业增加值达到50亿元,占GDP的10%左右,健康产业成为全县重要的支柱产业	文化旅游、休闲运动、养老、中医药、康复护理服务
3	武隆	打造国家中医药健康旅游示范区,形成中医药健康旅游精品,建成1～2个市级中医药文化宣传教育基地。2030年,健康服务业规模达到150亿元,康养产业进入全市先进前列	中医药医疗、中医药旅游、避暑康养旅游、体育运动康养
4	南川	2020年中药种植年收入达到20亿元以上,中医药工业年产值达到200亿元以上,中医药健康养生服务业年收入达到30亿元以上	中医药疗养、中医药旅游、森林旅游
5	万盛	到2020年,医药健康产业产值达到50亿元,基本建成产业链完整、特色品牌突出的医药健康特色产业基地	养生旅游、养老产业、运动康养
6	丰都	以康养旅游为引领,打造康养综合体、康养度假区旅游综合体和康养小镇	康养旅游、运动休闲
7	黔江	以"清新黔江康养圣地"为统领,促进健康与养老、旅游、互联网、健身休闲、食品的五大融合	医疗服务、健康食品、康养旅游、养老产业
8	彭水	打造"世界苗乡,养心彭水"康养旅游形象	森林康养、生态旅游、健康农副产品、水上运动
9	万州	发展"康养＋医疗""康养＋旅游"等相关产业,打造康养综合体	康养医疗、康养旅游

3. 区县康养产业发展的主要做法

一是把生态康养产业当成战略性支柱产业。如石柱县提出把"康养产业培育成为石柱高质量发展、实现'康养转型、绿色崛起'的战略性支柱产业",到2020年康养经济占GDP比重达到50%,到2030年达到70%。云阳县制定了《云阳健康产业发展规划（2017—2021）》,提出打造"生态健康产业强县",建设"三峡健康城",2021年健康产业产值占GDP的10%。

二是探索康养与其他产业融合发展。如石柱县提出"全产业全领域全地域发展康养产业",实施"康养＋"战略,构建观养、食养、疗养、文养、动养、住养和康养制造"6＋1"康养产业体系。云阳则提出"文化旅游养心、休闲运动养身、幸福益寿养老,同时积极发展中医药产业、康复护理服务产业"。武隆提出旅游与体育深度融合发展,黔江提出促进健康与养老、旅游、互联网、健身休闲、食品等产业的融合。

三是积极探索康养产业发展规律。如石柱制定并发布了康养石柱产业体系、康养石柱标准体系、康养石柱指标体系、旅游环境质量检测体系。其中:康养石柱标准体系以通用基础标准＋"六养"标准为基本构架,包括7个大项、24个中项、73个小项,涵盖基础设施、产业发展、产品开发、赛事活动、服务规范、人才培养等内容。

四是积极营造康养产业发展氛围。如石柱县已经连续多年举办"中国·重庆石柱康养大会",论坛吸引了国内外政府、学界、企业广泛参与;连续发布《康养石柱白皮书》,积极向国内外宣传和推介重庆市及石柱县康养产业,形成了一定的影响力。

(三)存在问题

虽然重庆市在康养产业发展上已出台相关文件,一些区县积极谋划推进康养产业发展,但从总体上看,目前重庆市康养产业发展缺乏具有行动性、指导性、可操作性的产业发展设计,产业仍处于初级探索阶段,与浙江、贵州、湖北、四川等康养产业先行省份相比差距较大。重庆市康养产业发展存在的问题主要表现为以下几方面。

一是产业发展各自为政,缺乏顶层设计。目前,由于市级层面没有相关指导性意见,各区县的发展均处于各自摸索状态。尽管区县纷纷在规划中提出发展健康产业或康养产业,但对健康产业的内涵、定位不够清晰,对该产业的认识各执一词,影响了一二三产业围绕健康产业发展要求相互协同,缺乏清晰的设计和规划。

二是产业同质化严重,产业链条不完整。从表1看,各区县纷纷将森林

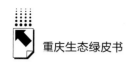

旅游、山地户外运动、中医药旅游等作为康养产业发展重点，生态资源相似、产品差异化与服务差异化不明显，呈现区县间同质化竞争态势。同时产业过度依赖生态资源及旅游业等少数业态，满足多元化、个性化需求的康养服务业态培育不足，与农业、制造业融合不深入，现代化、信息化、科技化水平低，康养产业链条拓展不足、产业附加值低。

三是产业发展缺乏针对性政策支持。从调研看，虽然区县积极探索给予健康产业政策扶持，但健康产业发展中土地保障、健康服务购买与医保支付衔接、财税支持政策等方面都亟须创新上位政策。例如，现有医保支付重点覆盖治疗环节，健康监测、健康预防、康复、养老护理等"防""养"环节的健康服务还未纳入医疗保险统筹支付范围。

三 重庆生态康养产业发展路径

要坚持学好用好"两山论"、走深走实"两化路"，以健康中国战略实施为重要契机，深入贯彻落实中央和重庆市关于推进大健康产业发展的重大战略部署，坚持以增进人民福祉为出发点和落脚点，全面践行"创新、协调、绿色、开放、共享"新发展理念，牢牢守住发展和生态两条底线，以大健康理念与优良生态环境和传统产业深度融合为基础，按照高质量发展和高品质生活要求，以供给侧结构性改革为主线，着力推动大健康与大数据、大生态、大旅游创新融合，重点发展"健康旅游、中药养生、健康食品、健康体育"等产业，促进康养经济一二三产业深度融合发展，全产业、全领域、全地域做大做强生态康养产业。

（一）发展原则

生态底线，持续发展。坚持人与自然和谐共生，严守生态保护红线，在保护中开发、在发展中保护，做到经济效益、社会效益、生态效益同步提升，实现康养产业发展和生态环境保护协同共进。

政府推动，市场拉动。要把政府引导和统筹协调贯穿于康养产业发展全过程，强化基础设施和政策标准制定。要坚持按规律办事，把巨大的市场需求作为拉动康养产业发展的根本力量，充分发挥市场机制、企业主体作用。

改革创新，先行先试。深化康养产业发展的政策、标准、体系和工作机制改革，进行重点领域改革的试验、示范，适时总结完善制度举措，试点突破部分政策，创造可复制、可推广经验。

民生为本，共建共享。坚持以人民为中心，要把满足人民基本康养公共服务需求与中高端、个性化康养需求紧密结合起来，要尊重人民的主体地位和首创精神，推动原住居民广泛参与建设经营，充分共享发展红利，实现共同富裕、同步全面小康。

（二）发展思路

1. "康养 +" 推进生态康养全方位融合

坚持推动"康养 +"的思路，通过促成统筹协调、融合发展的全域生态康养格局，使生态康养发展融入全市各个层面和领域的发展战略和规划。通过融合发展，在全域生态康养机制创新中把艰巨、复杂的生态康养发展任务的主体上升到各地政府的层面，争取各部门、各行业积极融入生态康养经济发展。通过发展全域生态康养，建立各部门联动、全社会参与的生态康养综合协调机制，形成综合产业综合抓的局面。通过整合各方资源、借势发展，实现生态康养产业与农业、文化、旅游、体育、制造业和城乡建设的全面融合发展。

2. "三生融合" 推进生态康养全领域发展

生态康养经济要实现生态、生产、生活"三生融合"。生态是本底、生产是手段、生活是目的，实现生产发展、生活富裕、生态良好的文明发展。统筹推进山水林田湖草系统治理，保护好森林、草场、湿地、河湖等环境生态，保护好各种物质和非物质文化遗产与民族文化生态，为发展生态康养产业提供基础。着力形成绿色发展方式，大力推动产业生态化、生态产业化，坚决控制化肥、农药和各类添加剂的施用量，确保康养产品绿色、环保、有机、安全。以满足人们幸福生活需求为引领，让广大人民能充分享受良好的

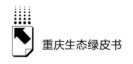
生态环境和高品质的康养服务，生态康养产业生产者要能获得实实在在的收益，大家各美其美、美美与共，分享生态建设和康养发展的成果。

3. "三环联动"推进生态康养全产业发展

生态康养经济要构建"防－治－养"健康全产业链条。通过完善的体育健身设施，丰富的健身健心活动，以及良好的生态、安全安逸的环境，疾病预防知识的普及等，有效控制和减少疾病的滋生，达到"防"的目的。持续引进高水平医疗机构、引进高层次医疗专家，支持现有医疗机构提档升级，建设和发挥好医疗联合体作用，确保病人能得到及时有效救治。"养"是关键所在，通过积极发展大生态康养产业，向人们提供健康旅游、中药养生、健康食品、健康体育等生态康养产品。

4. "三区协同"推进生态康养全地域发展

要发挥城区（集镇）、景区（度假区）和社区协同功能，促进康养产业发展、康养经济繁荣。城区（集镇）及周边侧重提供健康旅游、中药养生、健康食品、健康体育等产品，发展康养产品制造业、培养康养人才和开展疾病救治等；景区（度假区）侧重提供健康旅游、健康体育等产品，基础设施完善、交通便捷通畅、标志标牌规范、接待服务热情周到、康养环境安全；社区侧重提供中药养生、健康食品、健康居住等产品，合理布局购物点、医疗点，经常性开展社区文体活动，营造和谐氛围，为各类人群提供舒适安逸的生活条件。

（三）发展重点

坚持"绿色本底、创新驱动，政府主导、市场运作，社会参与、共建共享，突出特色、融合发展"理念，以供给侧结构性改革为主线，以大健康理念与优良生态环境和传统产业深度融合为基础，重点发展"健康旅游、中药养生、健康食品、健康体育"等重点产业，打造一批品牌知名、融合发展的生态康养产业集群，构建大健康完整产业链、发展新业态，努力把生态康养产业培育成为重庆市新的经济增长点和重要支柱产业，为重庆践行"两山论"、探索"两化路"提供新引擎。

1. 健康旅游

坚持以"文养心、旅怡情、泉润身、药保健"发展康养旅游产业，充分发挥旅游聚集人气、强关联带动的独特作用，立足旅游与康养资源富集优势，为旅游插上大健康翅膀，大力发展休闲观光、山地生态健康旅游、田园休闲旅游、温泉浴养旅游、自驾露营旅游等康养旅游产业，推动大健康与生态旅游深度融合。

大力发展文化康养产业。走"专业化、精细化、主题化"路线，充分挖掘重庆特色文化中的康养元素，积极发展农耕文化体验、健康养生教育、康养文化创意、生态科普教育等产业，通过文化展览、健康论坛、生态研学、茶道艺术等，传递天然、朴实、豁达的养生生活方式，感受"天人合一""道法自然"的理念，陶冶情操、愉悦心灵、放松心理，让生命与自然相融相合，实现"身和谐、心自由"的精神追求。

推动城乡休闲健康旅游提档升级。加快实施乡村旅游百镇千村示范工程和乡村休闲旅游扶贫工程，着力开发一批形式多样、特色鲜明的乡村休闲旅游景区，开发独具特色的田园人家、森林人家、捕鱼人家和乡村民宿等，并融入民族特色以及巴渝文化，推出一批精品线路。充分利用国家与重庆市扶持政策，依托山水林田湖草等自然景观和优良的空气、水、温度等康养资源，打造四季康养、各具特色的季候康养小镇。

发展温泉健康旅游养生。推动温泉资源综合开发利用，积极挖掘中医药和民族医药温泉健康养生文化，发挥美容、瘦身、养生、康体等功能，积极发展温泉养生文化，推动温泉资源综合开发利用，结合辅助养生材料、养生手段及现代科技康疗手法，培育以温泉疗养、温泉保健等为调养手段的健康养生业态。积极建设发展一批集休闲度假、特色医疗、保健养生于一体的温泉养生小镇、温泉度假基地、温泉疗养基地。

发展中医药保健旅游。依托中药材种养殖基地、中医药博物馆、中医药老字号名店、中医药康养大讲堂等资源，开发以中医药文化传播和体验为主题，集中医医疗服务、中医药养生保健服务、旅游度假于一体的中医药健康旅游线路。推动中药材种植与田园风情旅游、生态休闲旅游、中药材体验旅

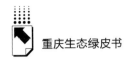

游结合的养生体验和观赏基地建设；鼓励建设集中医药文化展示、中医药工艺体验、中医药保健养生、休闲养老于一体的中医药健康旅游综合体。建设一批中医药特色康养小镇、度假区、文化街、主题酒店。

2. 中药养生

立足良好的生态环境，运用现代科技手段，创新体制机制，集聚市内外优质医疗资源与养生养老深度融合，坚持"抓资源、促发展、抓特色、树精品"，挖掘传统中药方剂，融合现代科技成果，推进"渝药"养生"老树吐新芽"。

大力研发中药新药。支持企业围绕心脑血管疾病、自身免疫性疾病、妇儿科疾病等中医治疗优势品种，开发疗效确切、临床价值高的中药新药。开展以疗效确切的单方、验方、医院制剂等为基础的中药新药研发，实施名优中成药大品种二次开发与培育工程。鼓励开发以经络理论为基础的中医养生保健器械产品和以中药材为基础的膏方、中药香包等药膳产品。

拓展医药衍生产业。以重庆主产的天麻、党参、黄连、青蒿、金银花、丹皮、天门冬、紫苏、太白贝母、黄芪、白术、石斛、白芷等中药材为原料，发展纯天然植物保健化妆品、日用品、添加剂等。进一步推广以藿香正气液、急支糖浆为代表的重庆特色医药养生产品。利用中医药以及丰富的民族医药文化元素，有序引导药浴、按摩保健、美容保健、调理保健、慢病预防、针灸推拿、中药足浴等保健养生服务发展。

大力发展保健养生产业。借力重庆市优势中医药资源，大力发展中医特色的诊疗、理疗、慢病康复、护理、养生等服务，促进中医养生堂、中医按摩馆等聚集发展，打造中医药保健养生基地。借助中医药保健养生基础，促进保健养生膳食咨询、保健养生膳食定制；大力发展心理咨询、心理治疗、心理测评、心理教育、心理危机干预等心理保健养生服务；促进可穿戴养生设备、可穿戴特征数据采集设备的租赁/销售服务，实现健康数据采集、分析与养生指导，丰富养生保健产业链。鼓励开发保健养生类医疗保险产品，推动医疗保险费用在保健养生服务中使用。

积极发展养老服务业。引入龙头养老服务企业，构建养老护理、养老地产、养老文化、养老旅游、养老金融、养老居住等养老全产业链，促进形成养老产业集群，打造重庆知名清凉养老基地。推动医养结合、社区养老与居家养老结合。合理布局养老机构与老年病医院、康复医院、护理院，构建健康养老服务网络。积极发展医疗养老联合体，加快社区老年人日间照料中心、托老所等居家养老机构和农村幸福院等建设。

积极发展健康管理服务。发展健康体检、健康咨询、医学科技成果转化、医疗服务评价、健康市场调查等健康管理服务，进一步实现医疗服务、保健养生服务、养老服务的融合发展，提升健康服务整体实力，完善健康服务业产业链条。同时通过健康服务产业发展，进一步为医疗服务、保健养生服务、养老服务提供支撑。

3. 健康食品

推进健康食品生产、加工、流通集约化发展，走安全、绿色、有机、营养的高品质健康食品发展路子，让"坡坡坎坎"传统农业"爬坡上坎"向现代农业转变。

大力发展绿色食材种养殖业。依托重庆市优质粮油基地、蔬菜种植基地、优质畜牧生产基地，大力发展绿色食材种养殖产业。大力发展山地特色高效农业，培育柑橘、榨菜、柠檬、生态畜牧、生态渔、茶叶、中药材、调味品、特色水果、特色粮油、特色经济林等特色种养殖业，让"特、绿、优"农产品做大规模、做强品牌。

培育壮大优质农产品深加工产业。发挥市食品工业研究所、功能食品研究院、西南大学食品学院作用，与区县、重点企业合作，加强优质农产品深加工。打好"富硒"牌，延伸林果、林菌、林禽、林蜂、桑葚、硒米、硒茶等功能性农产品绿色产业链。推进以名优柑橘汁为代表的纯天然植物保健饮品、高山特色果蔬汁综合深加工产业，无公害精制绿茶、红茶、花茶、甜茶以及袋泡茶、速溶茶等精制茶加工产业，高品质、高附加值酒类研发制造产业，以涪陵榨菜、万州鱼泉榨菜为中心的榨菜及酱腌菜产业，食用菌类、蕨菜、莼菜、葛根等山野绿色食品加工产业等。

大力开发中药材药食两用产业。发展以药食同源为特色的绿色食品、有机食品、保健食品和新产品，加快形成保健食品产业集群。支持高校院所和

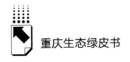

大型企业深入研究药食两用药材制成品，利用山（金）银花、天麻、黄连等众多中药材资源，开发药膳、药酒、药茶等食疗保健品和食物营养品，不断拓展中药材产业产品线、附加值、生命力。

4. 健康体育

以引进和培育叫得响、立得住、群众拥护的大型赛事活动、运动康养项目为主要抓手，大力发展和普及城市品牌运动项目和地方特色体育活动，让"动"起来的重庆人民更健康。

发展山地户外运动。立足重庆市独特的山地自然资源，规划建设一批生态体育公园、汽车露营基地、森林健身步道、山地滑雪场、山地自行车道等，大力发展山地越野、山地自行车、山地摩托、山地汽车、野外探险、户外露营、悬崖攀岩、高山滑雪等健身康体产品，发展悬崖秋千、高空速滑、丛林飞跃、高空跳伞等极限运动项目，举办重庆国际马拉松赛、国际攀联世界杯攀岩赛和亚洲青年攀岩锦标赛、中国武隆国际山地户外运动公开赛、重庆长寿湖国际铁人三项赛、环中国国际公路自行车赛重庆梁平站等品牌赛事活动。

发展水上户外运动。依托重庆市大江大河水体资源丰富的优势，根据不同水域特点，大力发展漂流、垂钓、赛龙舟、帆板、蹼泳、皮划艇、摩托艇等水上运动项目，形成多类型、多层次的水上运动支撑。因地制宜打造一批国际钓鱼基地，建设一批市级水上运动示范基地，打造一批水上乐园，在举办合川龙舟世界杯赛、中国开州汉丰湖国际摩托艇公开赛的基础上，积极推广万盛关坝镇凉风村"凉风·梦乡渔村"的成功经验。

发展民族文体活动。在积极推广铜梁龙舞、彭水高台狮舞、北碚北泉板凳龙、渝北赵氏武术、忠州矮人舞、土家摆手舞以及具有地域和文化特色的民族运动项目的基础上，依托历史文化名镇、民族特色村寨、传统古村落等，举办民族健身操、射箭、陀螺、摔跤、武术、放风筝、划龙舟等赛事，并将其与休闲、农业、文化、旅游等有机结合，普及发展民族文体活动。

丰富体育产业业态。大力培育健身休闲、竞赛表演、场馆服务、中介培训等体育服务业。推进运动器材装备开发，重点发展可穿戴运动装备和智能运动设备制造。

四　重庆生态康养产业发展的对策建议

（一）加强组织领导，完善顶层设计

1. 强化组织领导

统筹推进全市生态康养产业发展。强化政府主导、部门协同，以问题为导向，建立全市康养产业工作协调机制，办公室设在市发改委，统筹全市康养产业发展规划和宏观政策制定、行业标准制定、市场主体培育、数据统计、部门和区县工作协调等工作。

2. 出台指导意见

准确把握重庆生态康养业态以及发展重点方向，以市委、市政府名义出台《重庆市康养产业发展实施意见》，明确将康养产业上升为全市发展战略和产业升级的重要抓手，纳入全市十大战略性新兴产业体系中，明确时间表和路线图，明确康养产业发展的责任体系，加大土地供给、税费减免、人才培养、金融支持等方面政策的创新力度，科学搭建推动康养经济发展的"四梁八柱"。

3. 编制产业规划

围绕落实习近平总书记对重庆提出的指示要求，根据重庆独特的地理环境，立足重庆生态康养产业发展的优势，对接国家政策和规划，由行业主管部门牵头，按照"一区（县）一特色一品牌"的思路，加快研究出台《重庆市生态康养产业发展规划》，明确康养产业战略定位、总体思路、发展重点、措施路径、制度创新等方面内容，并经市政府批准后实施。按照确定的重点产业，分类制定产业行动计划，逐步形成全产业链发展格局。

4. 健全准入机制

按照"放管服"的改革方向和要求，建立公开、透明、平等、规范的生态康养产业准入制度；科学设置重点区域招商引资门槛，优先支持引进国内外知名企业和龙头企业；对发展重点区域进行资源环境承载力评估，引导资源尤其是土地节约集约开发利用。

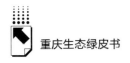

（二）强化政策支撑，促进产业发展

一是在财税方面，积极创新资金使用方式，优化投资补助政策和税收优惠政策，对生态康养产业园区及企业，或符合市级产业指引方向的有重大影响力的区域和项目，在重大基础设施建设、重大项目建设和产品开发等方面，给予优先支持及加大减税降费力度；按照规定采取事中或事后补贴、先建后补、以奖代补、风险补偿、贷款贴息等方式，撬动金融资本和社会资本加大对康养产业的投入。对民办医疗和养老机构，落实用电、用水、用气、用热享受居民价格政策。如参与康养产业项目、提供老人健康管理服务的公立单位可享受床位补贴政策，为外地户口老人提供服务同样可享受运营补贴。

二是在用地方面，统筹考虑生态康养产业发展的土地供应政策，通过划拨、出让等形式，积极探索灵活的土地使用方式，优先保障医养结合机构用地，提升生态康养产业项目用地供给能力。依托重庆市农村土地交易所，促进农村产权流转交易，在有条件发展生态康养产业的区域，以村级规划为指导开展农村产权流转交易项目策划，吸引社会资本参与，做好项目规划和落地政策服务；在生态康养产业发展优势地区，推进集体经营性建设用地入市改革试点全面推开，加快实现集体建设用地与国有建设用地的同权同价、同等入市，在国家法律允许集体经营性建设用地入市且符合规划、用途管制等规定的前提下，社会资本可按规定通过出让、租赁、入股等方式取得集体经营性建设用地投资生态康养产业。盘活部分闲置的原学校、粮站、供销社以及废弃医院等国有或集体土地房屋用于生态康养产业项目。

三是在金融方面，政府加强与国家开发银行等政策性银行的对接，为生态康养产业项目争取更多政策性低息贷款；鼓励金融机构创新符合生态康养产业特点的金融产品和服务方式；将保险集团投资生态康养产业按照国家、重庆市有关规定列入全市重大招商引资项目序列；积极开发长期护理商业险以及健康管理、养老服务相关的商业康养保险产品。

（三）建设发展试验区，加强示范引领

可以选择有一定基础、地方发展意愿强烈的区县作为重庆生态康养产业发展试验区，打造生态康养产业发展示范样板，为其他区县生态康养产业的发展探索可复制、可推广的经验。

一是开展生态康养产业研究，建立生态康养产业体系、发展指标体系以及生态康养标准体系、产业统计监测体系等，进行生态康养产业理论与实践结合的先行探索。

二是开展"健康＋"研究，探索生态康养产业与农业、加工业及旅游、医疗、商贸等服务业，与特色小城镇、美丽乡村、生态环保建设，与大数据、人工智能和云平台等深度融合，进行全产业、全领域、全地域的"康养＋"先行试验。

三是开展体制、机制、制度创新，探索建立满足全域康养发展需求的领导组织体系、规划体系、制度体系和工作机制，进行重点领域改革的试验、示范，试点突破部分政策。

（四）延伸产业链条，推动融合发展

一是推动产业融合，着力转变发展方式、优化产业结构、转换增长动力，更广范围、更高层次地配置产业资源要素，推动生态康养产业之间多业态深度融合，扩大生态康养产品有效供给，完善全方位、全周期的康养产业体系，推动以康养产业为链条的一二三产业融合发展。

二是推动城乡融合，把建设生态康养之都作为提升城市品质的重要内容，推动城市经济品质、人文品质、生态品质、生活品质的全面提升；依托农村自然生态优势，以生态康养产业引领乡村产业振兴，带动"五大振兴"融合发展，推动城乡"三生空间"合理布局。着力发挥中心城区对重庆全域协调发展的支撑作用，立足中心城区巨大的市场空间和产业发展优势，进一步优化产业配套，强化与渝西片区的一体化发展，增强对渝东北和渝东南地区发展的牵引力，逐步增强对川渝、渝黔等跨省毗邻地区的辐射力。

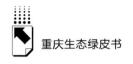

（五）完善基础设施，提升配套能力

一是加强基础设施建设。围绕生态康养产业空间布局和重点产业，加大康养旅游目的地道路交通、生态环保以及"水电路信"等基础设施配套力度，解决游客高峰时期的"出入堵""买菜难""看病远"等问题。围绕生态康养产业规划建立配套设施指标体系，大力发展康养旅游配套产业，建设医院、银行、超市、度假酒店、加油站、污水处理厂、停车场、旅游厕所等公共服务设施，加强适老、适幼、适残等设施建设。建立综合性康养旅游服务平台，为游客和市民提供气象、指南、攻略等精准服务。

二是实施基础设施产业化。在保护生态的前提下，加快建设农村"四好公路"，推进"厕所革命"，完善电网设施，实施集中供水，综合治理，构建"山青、水秀、林美、田良、湖净、草绿"的生态环境，让居民"望得见山、看得见水、记得住乡愁"，进一步提升基础设施的康养属性和景观属性。如市民广场、休闲公园可按照康养要求配套健身设施和康养知识宣传标语；主干道旁有条件的可增加自行车道，水利工程设施可结合亲水养生进行规划，给基础设施赋予康养要素。

（六）强化市场营销，扩大品牌影响力

一是加大营销力度。制定重庆生态康养营销总体方案，全面唱响康养品牌，确立重庆生态康养城市形象，量身定制宣传推广总体方案，提炼宣传口号，全媒体、全平台、全方位推广重庆康养产业。推介"世界温泉之都""中国康养美食之乡（石柱）""中国富硒美食之乡（江津）""中国石磨豆花美食之乡（垫江）""中国烤鱼之乡（万州）"等成熟饮食品牌，让"活得浓墨重彩，吃得淋漓痛快"品牌口号深入人心。发挥"互联网＋"网络营销平台优势，做好巴渝民宿网络营销，借鉴前期城市"网红"景点宣传策略，推介康养主题的"网红"景点。

二是提升节会赛事层级。高质量办好中国·重庆（石柱）康养大会、中国（重庆）老年产业博览会、长江三峡国际旅游节、渝东南生态民族旅

游文化节、夏季生态休闲避暑旅游节、世界温泉与气候养生旅游国际研讨会等文化旅游节会。巩固提升"重庆国际马拉松赛""重庆长寿湖国际铁人三项赛""武隆国际山地户外运动公开赛""万盛'黑山谷杯'国际羽毛球挑战赛"等赛事品牌价值和旅游市场吸引力。通过智博会、西洽会等平台宣传康养产业，提升全民康养认知，大力宣传康养理念，倡导健康生活方式，激活市民康养消费，营造广大群众参与康养建设的氛围。

参考文献

陈心仪：《我国森林康养产业发展现状与展望》，《山西财经大学学报》2021年第S1期。

钟瑞添、段丽君：《习近平关于健康中国的重要论述及其意义》，《理论视野》2021年第3期。

人民论坛专题调研组：《科技支撑健康中国战略实施的"浙江经验"》，《人民论坛》2021年第9期。

潘为华等：《大健康产业的发展：产业链和产业体系构建的视角》，《科学决策》2021年第3期。

徐水源：《全面推进健康中国建设》，《红旗文稿》2021年第2期。

房红、张旭辉：《康养产业：概念界定与理论构建》，《四川轻化工大学学报》（社会科学版）2020年第4期。

储著源：《习近平新时代健康治理观及其时代价值》，《常州大学学报》（社会科学版）2020年第1期。

朱旭森：《发挥四大优势 推进康养产业高质量发展》，《重庆日报》2019年9月26日。

戴娟：《"康养+"能否成为重庆下一个经济增长点?》，《重庆日报》2019年8月5日。

罗文章：《奋力推进健康中国建设》，《红旗文稿》2019年第16期。

束怡等：《我国森林康养产业发展现状及路径探析——基于典型地区研究》，《世界林业研究》2019年第4期。

金碚：《关于大健康产业的若干经济学理论问题》，《北京工业大学学报》（社会科学版）2019年第1期。

程臻宇：《区域康养产业内涵、形成要素及发展模式》，《山东社会科学》2018年第

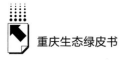

12 期。

张车伟、赵文、程杰：《中国大健康产业：属性、范围与规模测算》，《中国人口科学》2018 年第 5 期。

中央党校第 17 期中青二班赴广西调研组：《发展大健康产业助推县域经济转型升级》，《中国行政管理》2018 年第 1 期。

李影：《森林康养是大健康产业最好的发展方向》，《中国林业产业》2017 年第 12 期。

龙强：《江西健康产业发展现状及提升策略》，《江西科学》2016 年第 3 期。

绿色家园篇

Green Home

重庆城市绿化建设路径研究

彭国川　朱旭森　李万慧　严伟涛　柯昌波[*]

摘　要： 城市绿化是建设山清水秀美丽之地的重要内容，也是建设高品质生活宜居地的内在要求。重庆应借鉴新加坡、上海、广州、厦门、杭州、成都等国内外城市绿化建设经验，进一步优化城市绿色空间体系、提升城市园林绿化品质、强化城市绿化苗木供给和提升城市绿色产业发展水平，强化立法、标准、规划、管理、资金、人力等机制保障，以推进重庆城市绿化高质量发展，更好满足人民美好生活需要。

---

[*] 彭国川，重庆社会科学院生态与环境资源研究所所长，研究员，主要从事生态经济、产业经济、区域经济研究；朱旭森，重庆社会科学院城市与区域经济研究所副所长，研究员，主要从事区域经济、大都市圈发展、土地资源利用研究；李万慧，重庆社会科学院财政与金融研究所副所长，研究员，主要从事财政理论与政策、金融理论与政策研究；严伟涛，重庆社会科学院副研究员，主要从事农村经济、旅游经济研究；柯昌波，重庆社会科学院副研究员，主要从事城市经济、统计与市场调研分析研究。

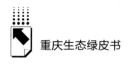
关键词： 重庆　城市绿化　城市绿色空间

党的十九大报告指出："中国特色社会主义进入新时代，我国社会主要矛盾已经转化为人民日益增长的美好生活需要和不平衡不充分的发展之间的矛盾。""既要创造更多物质财富和精神财富以满足人民日益增长的美好生活需要，也要提供更多优质生态产品以满足人民日益增长的优美生态环境需要。"中央城市工作会议提出：城市工作要把创造优良人居环境作为中心目标，把城市建设成为人与人、人与自然和谐共处的美丽家园。2018年2月，习近平总书记在成都天府新区调研时强调，"要突出公园城市特点，把生态价值考虑进去"，为城市建设尤其是城市绿化建设指明了新方向。近两年来，重庆市深入贯彻落实《中共中央　国务院关于加快推进生态文明建设的意见》《重庆市城市提升行动计划》等文件精神，积极推动城市园林"绿化、彩化、香化、美化"（以下简称"四化"），不断优化城市生态环境，持续提升园林绿化水平，加快建设山清水秀美丽之地。

一　重庆城市绿化建设现状与问题

（一）重庆城市绿化建设现状

1. 城市立体绿地系统基本形成

近年来，重庆市委、市政府按照"以整洁有序为基础、品质特色为重点、味道神韵为追求"的工作思路，提出了在2022年创建成为国家生态园林城市的目标，要求生态园林城市创建工作坚持按照"生态优先，科学发展；量质并举，功能完善；因地制宜，资源节约；政府主导，社会参与"的原则，以增强城市综合服务功能、挖掘城市内涵、提升城市品位、彰显城市文脉、打造城市特色的定位来提高城市规划、建设和管理水平，努力建成总量适宜、分布合理、植物多样、景观优美的城市生态园林绿地系统，达到促进城市经济、社会和环境协调发展的目标。

城市绿地包括公园绿地（综合公园、社区公园、专类公园、游园等）、防护绿地、绿化广场、附属绿地，以及城市生态公园（不在建设用地内，但起到公园作用的绿地）和区域绿地（如水源保护区、森林公园、风景区、自然保护区和其他林地）。近年来，重庆中心城区绿地建设依托"一岛、两江、三谷、四山"（一岛，即广阳岛；两江，即长江、嘉陵江；三谷，即缙云山与中梁山之间的西部槽谷、中梁山与铜锣山之间的中部宽谷、铜锣山与明月山之间的东部槽谷；"四山"即缙云山、中梁山、铜锣山、明月山）的自然山水环境，基本形成点、线、面相结合，大、中、小相辅的园林绿地系统构架。同时，结合山地城市地形特征，绿地建设因地制宜利用堡坎、梯道、岩壁及建筑立面等地绿化，初步形成了具有山城特色的平面绿化与垂直绿化相结合的立体绿化系统。

2. 城市绿化覆盖率不断提高

2017 年，中心城区城市绿地总面积为 264.43 平方公里，建成区绿地率为 33.67%，建成区绿化覆盖率为 35.62%，人均公园绿地面积（不含生态公园）为 7.74 平方米，人均公园绿地面积（含生态公园）为 7.96 平方米，公园广场绿地服务半径覆盖率为 80.24%[①]。2018 年，中心城区新增城市绿地 1086 万平方米，新建、改建公园项目 131 个，其中综合公园 30 个、社区公园 64 个、街头游园 37 个，面积 500 余万平方米。为维护好山水城市，进一步提升城市品质、展现美丽形象，市政府 2018 年 9 月制定了《重庆市城市综合管理提升行动方案》，提出到 2022 年，中心城区要增加城市绿地 3000 万平方米以上，主城建成区绿地率达到 40%，绿化覆盖率达到 45% 以上。规划到 2022 年，中心城区要新建改建社区公园（游园）和社区体育文化公园 300 个，新建改建一批城市综合公园、专类公园、城市生态公园、城市湿地公园，形成布局均衡、点线面结合、城绿相生的城市绿化网络。

---

① 统计数据显示，2017 年中心城区绿地率、绿化覆盖率和人均公园绿地面积分别为 37.36%、39.57% 和 17.8 平方米，但该统计数据长期高于当期遥感解译数据，其原因主要在于城市范围外的部分绿地也被纳入了统计。

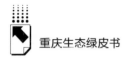

3. 城市绿化品质不断提升

着力提升园林彩化和香化水平。为装点好山水城市，增加季相变化，丰富城市绿化色彩，提升园林绿化品质，在城市园林绿化建设中突出彩化，强调了色叶植物、花卉植物的应用，尤其是在政府主导的绿化品质提升工程中，以彩化为重点内容。2018 年，按照充实、提高的原则，以增加观花、观叶植物为重点，对中心城区的桥头绿化、轨道交通绿化、城市道路和内环高速及射线高速绿化、城市立交节点绿化等类型 313 个点，进行了绿化景观品质提升，整治提升面积达 651 万余平方米。共栽植蓝花楹、美人梅、樱花、紫薇、红叶李等大小乔木 9.22 万株，种植九重葛、杜鹃、海棠、木槿、红花檵木等花灌木 1232 万株（其中花灌木约 407 万株），种植（更换）各类草花 2264 万窝（盆），播撒草花 834 万平方米。在新建城市道路绿化中，大力推行多层次乔木配置，大力推广香樟、蓝花楹、鹅掌楸、玉兰等树木应用。在园林香化方面，培育好山水城芳香，在城市绿化品质提升中，大量应用黄桷兰、香花槐、桂花、腊梅、米兰、月季、栀子、含笑等香花植物。目前，中心城区城市园林绿化，已初步呈现一年四季季季见花、五彩斑斓，花香时节暗香浮动、处处留香的怡人景象。

着力提升园林美化水平。体现好山水城神韵，以美化为魂着力提升城市园林绿化品位。一是传承传统园林造景手法，挖掘体现历史文化内涵，以植物造景为基础综合利用树桩、景石、花器、整形植物、小品建筑等，提升城市绿化园林艺术品位。二是开展城市"立体绿化添绿"行动。重点推进城市商圈、交通节点、跨线桥、隧道口等绿化美化工程，鼓励开展屋顶绿化、墙面绿化，拓展绿化空间，打造重庆特色山地园林。三是推进"两江四岸"生态修复，改善区域生态环境。2018 年建设"两江四岸"生态防护绿化示范段 130 余万平方米。四是大力开展城市空地整治，美化环境。按照因地制宜、节约高效的原则，美化城市景观。五是通过技术指导、赠送花木、共建共管等，提升临街单位、小区绿化质量，丰富园林街景。

4. 城市绿地建设支撑体系情况

重庆市花卉苗木产业初具规模，园林绿化企业规范发展，科学研究深入推进，为园林"四化"提供了基础支撑。

苗木产业发展情况。据统计，2017年重庆市花卉苗木企业2000余家，花卉苗木种植面积约86.6万亩，其中绿化苗木种植面积约58.5万亩，销售额达51.9亿元，产业已初具规模。重庆常用园林绿化苗木，本地均可提供，并形成了黄葛树、小叶榕、天竺桂、红叶李、木芙蓉、白玉兰、广玉兰、重阳木、三角枫、红枫等一批优势苗木，还发展出一批四季草花自供的生产基地，如白市驿基地、北碚基地等。

园林绿化企业规范建设情况。目前，重庆市有园林绿化设计资质的企业300余家，监理企业20余家。2017年、2018年取消园林绿化施工和养护资质要求前，有资质的园林绿化施工企业有600余家，管护企业400余家。取消资质管理后，为加强对园林绿化施工、养护企业的引导，城市管理局加强了技术标准的引领、保障作用。在已有79项园林绿化标准规范基础上，进一步加强了系列标准规范的修订完善。

园林绿化科研情况。为提高重庆园林绿化质量，加大了园林绿化研究力度，一批重点科研项目已经完成或正在进行中，如"重庆野生观花地被植物筛选及园林应用研究""可移动式模块化立体绿化成套技术区域示范与应用""重庆地区樱花抗衰弱保护技术研究""长江三峡库区重庆段推荐彩叶植物名录""园林栽植土壤质量标准""国外优良彩叶槭树的引种及规模化生产"等科研项目。

（二）重庆城市绿化建设存在的问题

近年来，重庆市中心城区园林绿化水平不断提升，城市山水格局已基本形成。但与"山清水秀美丽之地""长江上游重要生态屏障""在推进长江经济带绿色发展中发挥示范作用"的目标要求相比，重庆市园林绿化建设还有差距，存在"有山不便游山、有水难以亲水、见绿却不近绿"等问题；与广州、厦门、杭州、成都等先进城市相比，在绿量、品质、支撑体系以及

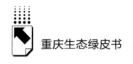

推进机制等方面也有不小差距。

1. 空间格局有待优化

一是空间格局不够清晰。重庆属于典型的山地城市，其发展依托原始的地形地貌条件和自然山水格局，在空间结构上呈现山－水－城相依相生的状态。基于复杂地形地貌条件的限制，山地城市衍生出组团式和带状发展的基本布局模式，呈现多中心组团式、新旧城区分离式、长藤结瓜式、绿心环形生态式以及指掌或枝状式等空间结构类型，城市空间存在大面积的绿地残存斑块。目前，重庆中心城区绿化不同尺度空间格局不够清晰，中观尺度和微观尺度仍需加强多方面工作，城市山水格局相对孤立，城内各类绿地和城外各类生态因素连通的网络体系尚未完全建立。从中观层面看，重庆存在的主要问题是中央山脊建设量偏大，枇杷山至鹅岭、照母山至石子山等中央山脊尚未通过绿地系统与公园衔接起来，以更好地服务社区居民。从微观层面看，在生态化更新、社区公园服务于居民的休闲游憩需求、居民体验感等方面仍有不足。

二是空间分布不够均衡。各区绿地建设存在明显区域差距，中心城区的居住区绿地、街头绿地、道路绿地等较为欠缺；核心区域、关键节点绿化偏少，近年来部分地区绿地甚至不增反减，如朝天门、江北嘴等重点片区绿地数量与上海陆家嘴相比差距很大。大、中、小公园绿地级配不够合理，公园类型不够丰富，特别是中心城区内动植物园、主题公园、儿童公园等特色专类公园存在"需求高""数量少""布局不均"等问题，难以满足市民要求。多数大型城市公园周边被开发小区围合，存在"见绿却不近绿"的尴尬状况；新建城市公园远离现状居住区，绿地系统与市民生活需要的空间配置不够合理。

三是山地特色不够鲜明。从中心城区绿地的布局形态来看，无论是块状、楔形、带状还是混合式，都以平面形态为标准，难以构成"点、线、面"相结合、具有明确立体形态的布局模式，无法彰显重庆立体城市特质，特别是山体、边坡、桥梁、屋顶、墙面等"立体绿化"有待继续深化。重庆虽有丰富的文化传承，但多数绿地建设对地域文化研究、提炼不足，多采用小品、雕塑、景墙等方式体现，载体单一，内涵不高，不能充分体现重庆的人文特色。

2. 绿量和品质有待提升

从绿化总量、空间布局、地域特色、功能融合等方面看，重庆市园林绿化还有相当大的提升空间。

一是绿化总量严重不足。数据显示，2017 年重庆市中心城区建成区绿地率为 37.36%、绿化覆盖率为 39.57%、人均公园绿地为 17.8 平方米。但出于历史原因，在统计中把许多城市范围外的绿地也纳入其中，导致该数据长期高于实际状况。从中心城区现状绿地遥感解译数据看，2017 年中心城区建成区实际绿地率为 33.67%、绿化覆盖率为 35.62%、人均公园绿地面积 7.96 平方米（扣除生态公园后为 7.74 平方米），公园服务半径覆盖率为 80.24%。与广州、厦门、杭州、成都等地相比，重庆的绿地率、绿化覆盖率、人均公园绿地面积均有不小差距（见表 1）；远低于国家生态园林城市绿地率（≥38%）、绿化覆盖率（≥45%）等核心指标要求。

表 1 城市绿量比较（2017 年数据）

单位：%，平方米

城市	绿地率	绿化覆盖率	人均公园绿地面积
重庆	33.67	35.62	7.7
广州（2018 年）	38.20	43.00	17.3
厦门	40.92	43.59	14.1
杭州（2016 年）	37.16	40.70	14.4
成都	37.36	42.30	14.5

二是功能品质不够凸显。部分绿地在景观设计时缺乏对区域的整体定位，未能充分考虑周边区域对该绿地的特殊功能需求，片面强调增绿添彩，过分追求视觉冲击，生态节约、以人为本不足，绿地建设与人民群众生活需求结合不够。部分公园绿化设施制作粗糙，公园环境、卫生和游园秩序有待改善，绿地人文品质、生态品质、生活品质体现不明显。同时，对发挥园林绿化在生态环保、休闲游憩、文化传承、科普教育等方面综合功能的设计不

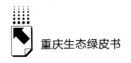

足，降低了园林绿地的社会生态效益。

3. 支撑保障有待增强

园林绿化产业竞争力弱、科技水平低，用地和资金保障不够，难以支撑园林"四化"高质量发展。

一是产业支撑不够。首先，苗木发展先天不足，重庆市城市园林绿化土层薄，保肥、保水能力较差，冬夏极端气温频繁，不利于苗木管养。全市地块细碎化严重，在苗木基地集中的渝西片区，工程性缺水严重，不利于花卉苗木规模化发展。其次，园林"四化"所需的优质树桩、造型植物、彩叶植物、花卉以及乡土植物，培育成本高、市场竞争力弱。最后，园林绿化龙头企业、名牌企业缺乏；园林绿化建设养护工人知识技能普遍偏低，高水平的技能人才严重不足。

二是科技支撑不够。对适应重庆气候、土壤条件的彩化、香化、美化植物和乡土植物的筛选、驯化、改良、培育不足。对园林绿化的材料、器具、机械以及基质配比、水肥调控等养护技术开发有待深入。虽采用信息化管理，但运行维护保障机制尚不健全，支撑应用系统的信息资源严重不足，"重建轻管"和"重系统轻数据"现象仍然严重，使得应用系统成为"演示系统"，未能发挥预期作用。

三是用地保障不够。建设用地规划中绿化预留空间不足，常常出现园林绿化让位于交通、城建等其他基础设施的状况；在城市工程建设中，往往没有留出足够的绿化空间和生态修复、景观建设的便利环境，使后期进行景观整治难度加大。城市空地绿化整治缺乏标准依据，立体绿化涉及权属界定，推进困难。

四是资金保障不够。受经济发展水平制约，重庆市园林绿化财政总投入偏低，特别是由政府财政投入的公共绿地资金偏少。目前，重庆市绿地建设费用为180元/米^2（2009年市级建设项目配套绿化建设标准）左右，而龙湖地产小区绿化投入标准为400~600元/米^2，其他开发商最低也达到300元/米^2；在绿化工程招标中，事实上往往采用最低价中标原则，实际上用于绿化建设的资金仅仅在100元/米^{2}左右。在绿地养护方面，重庆市规定一、

二、三级养护标准分别为 14 元/米^2、10 元/米^{2}和 7 元/米^2，在实际运行中，资金使用严重不足，最低的只有 1～2 元/米^2，而据调查，杭州实际投入的养护费用通常在 8～9 元/米^2、厦门一级养护费用为 18 元/米^2。

4. 推进机制有待完善

绿化相关法规尚不健全，约束刚性不够；部门联动不畅、存在多头管理；园林绿化主管部门主导不足、行业监管不到位。

一是法规约束不够刚性。城市园林绿化规划、建设、管理和养护各环节涉及的相关部门较多，相关政策、制度的出台遭遇立法瓶颈，"绿线"管理等制度尚不健全。有些法规、标准执行缺乏强制性约束，在保护城乡核心生态景观资源、构建"城乡统筹"的绿地生态系统方面作用发挥有限。重庆市先后出台了《重庆市城市园林绿化条例》《重庆市公园管理条例》和技术标准、规范等，但相关法规、标准在执行中缺乏强制性约束。

二是部门联动不够顺畅。城市园林绿化涉及规划和自然资源管理、城市管理、住房城乡建设、水利、农业农村、生态环保、交通运输等多个部门，体制上存在多头管理。

三是部门主导不够充分。在园林绿化建设管理上，过度强调"属地管理"，市级职能部门缺乏对大型公园及重要山体、河道湖库水岸、主要干道与关键节点的城市绿地建设管护职能，导致工作缺乏重要抓手。市级园林绿化主管部门对区县园林绿化建设协调性不足，约束性和指导性有待加强。比如，由于主导不够，园林绿化建设的不同主体因其建设理念、重视程度、偏好、经费投入等不同导致绿化质量参差不齐。通常，由主管部门主导的绿化项目和小区绿化建设质量普遍较高，而配套绿化项目质量相对较差。

四是行业监管不到位。放管服改革以来，取消了对园林绿化建设、施工、管护企业资质要求，同时也取消了对园林绿化建设的设计、施工、监理、竣工验收、养护等全环节的审批职能，后续的对应措施没有跟上，导致对绿化质量的监控力度减弱。如建设项目附属园林工程只有定量指标（附属绿地指标）而缺乏质量指标。尽管重庆市也实行了园林绿化企业社会信用评价，但评价结果缺乏强制性约束。

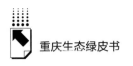

二　国内外城市绿化建设的经验借鉴

综观新加坡、上海、广州、厦门、杭州、成都等国内外城市园林绿化建设的做法和经验，特色鲜明，成效明显。

（一）理念先进，思路超前发展有序

2018 年 2 月，习近平总书记在考察成都天府新区时提出"公园城市"理念。"公园城市"以生态文明引领的发展观，以人民为中心的价值观，构筑山、水、林、田、湖、城生命共同体的生态观，突出了人、城、境、业高度和谐统一的大美城市形态。从"产－城－人"向"人－城－产"转变，强调以人为本；从"城市中建公园"向"公园中建城市"转变，也就是说，成都要把整个城市营造成一个公园，城市就在公园里，城市就是个大公园；从"空间建造"向"场景营造"转变，突出消费场景的营造。

（二）规划完备，系统谋划指导到位

各地均注重城市绿化总体规划、分区规划和详细规划的编制工作，并结合自身实际形成鲜明特色。近年来，杭州四次修编《杭州市城市绿地系统规划》，并以此为引导，分阶段、分城区编制具体规划，先后编制了《杭州市城市绿道系统规划》《杭州市生态公益林建设总体规划》等多个专项规划，有效丰富了城市绿化发展体系。

厦门对标国内先进城市，突出城市特质，开展城市绿地系统规划的修编，推动各区细化编制片区控制性规划和建设详细规划，使城市绿化规划有源可溯。并以市园林绿化行业主管部门为主导，以《厦门经济特区园林绿化条例》为依据，制定完善绿化种植设计、施工、监理规范等一系列地方性标准，使城市绿化设计有据可依。

新加坡早在 1997 年就已完成开发指导规划全境覆盖，全境被划为 5 个规划区域，再细分为 55 个规划分区。交通和绿化方面，约将土地面积的 15％用于道路建设，约有 23％的国土属于森林或自然保护区。

（三）抓手有力，突出重点营造精品

各地均从自身实际出发，强化行业主管部门的主导职责，对标国际先进，对重点地段进行优化提升，打造城市"四化"亮点。广州市由市园林局主抓"八路一岛"绿化造景，打造特色景观。一路一景，完成 24 条主干道和重点路段景观品质提升；一江两岸，通过全要素多手法整体打造一线江景，呈现绿树成荫、鲜花怒放盛景；一点一品，针对机场、香格里拉酒店、东站、花城广场、北京路、陈家祠广场、琶洲、广州塔等重要景观节点，合理运用主题树、花境、花坛、立体绿化等布置，体现高雅品位；一场一案，分别对中山纪念堂、白云山等制定绿化专项方案。

杭州依托自然山水禀赋，深入实施西湖、西溪湿地、运河等综合保护工程。同时，在城市发展中树立"留白"理念，依据山脉、江河湖泊和风景区等自然地貌，构建了 6 条镶嵌在主城、副城、组团之间的"生态带"，有效遏制了城市空间的简单蔓延。

上海以绿道为抓手，激发城市公共空间活力，尽量利用现有绿化资源，优先在绿量充足、绿视率高的公园绿地中选址，营造兼具"绿化、彩化、珍贵化、效益化"的优良绿廊系统，突出本土化、生态性；在绿色资源不宜穿行或生态敏感地带，则采用借道、缩减路幅宽度等方法构建绿道系统。

（四）功能融合，营造"公园＋"经济场景

成都市积极探索以"四化"促进城市产业发展的思路，提出了"公园＋"的理念，即将公园建设与开放舒适的生活街区、优质共享的公共服务、富含活力的工作场所、丰富多元的游憩体验、简约健康的出行方式、融汇古今的人文感知、特色鲜明的人文生活等相结合，充分挖掘公园建设的社会价值与经济价值，进一步贴近人民群众工作生活，取得良好效果。在此理念的指导下，成都市积极营造"公园＋"新经济和"公园＋"新消费。

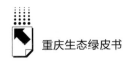
结合各类公园、绿地，重点发展六大经济形态、培育新动能，打造有机融合、良性循环的创新生态链，推动"公园＋"创新应用和新经济场景建设，并围绕公园城市消费场景发展新趋势，营造品类跨界、科技赋能和具有人文情怀的公园城市新业态，依托特色商圈和 TOD 站点，营造公园城市消费场景与开发场景。随着消费场景、商业模式的全面植入，公园经济初步成势、可持续发展内生动力初步显现，成为"绿水青山就是金山银山"的经典案例。

（五）强化监管，管养并重规范有效

城市绿化"三分建、七分管"，各地均注重绿化管养，制定了覆盖面广、网络齐全、组织严密的检查与考核制度。杭州坚持制度化管养，出台《杭州城区绿地养护质量标准》《关于加强杭州城区园林绿化养护管理的实施意见》等养护管理规范，并建立起绿化养护经费与经济社会发展同步增加的体制机制。坚持市场化管养，凡有市区财政投入建设或者养护的城区绿地，一律引入招投标市场机制。坚持属地化管养，充分发挥乡镇、街道和属地管理单位的作用。杭州市采取市级、区级及养护企业三级考核体系，自1999 年起，市园林文物局联合有关部门开展了富有特色的"最佳和最差公园""最佳和最差道路""最佳和最差河道"等"双最系列"评比活动。

上海市采取市级考评与区县自评、日常检查与实效测评、专业考核与社会评价相结合的办法，建立了"市民评判、社会评价、行政评定"的市容环境综合评价体系，综合考评结果与区县绩效考核、"以奖代补"等挂钩；每年开展两次市容环境卫生状况公众满意度测评，测评情况通过《解放日报》《文汇报》《新民晚报》向社会公布。

广州严格落实市、区联动三级巡查及"八路一岛"专项巡查制度，将巡查结果纳入市干净整洁平安有序管理综合考评。

厦门制定了《厦门市园林绿化工程质量监督工作导则》细化监管细节、量化监督尺度，尤其是强化对苗木质量、种植土壤、隐蔽工程等关键环节的监管力度，落实"双随机"质监机制，制定了《厦门市园林绿化工程景观效果评价办法》客观评价园林绿化工程科学性、艺术性和文化性，建立了

道路绿化第三方考评机制，提高道路绿化精细化管养水平。

新加坡推行规范化标准化修剪，针对园林绿化的全过程管养和监督，形成信息化、标准化、规范化的管理体系。

（六）科技创新，品质提升成效显著

各地重视科技创新在城市园林绿化中的作用，通过多年跟踪研究，选育适合本土的植物，提升城市园林绿化品质。广州通过专利技术，将 55 个重点路段的杜鹃花盛花期延迟到年底；全冠移植，采取技术手段，确保开花大树当年种当年开花，重点保障阅江路、机场高速等路段美丽异木棉形成秋季花景；科学催花，营造色彩缤纷、繁花似锦的花海、花境、花带；通过制定技术指引，开展全员培训，引进培育 100 余种优质花材，达到国际领先水平。

杭州不断加大科技创新力度，相继建成了杭州市树木储备中心，杭州园林绿化质量检测中心等机构，全面应用古树名木无损检测、绿化抄告系统手机终端、生物防治等新技术，对高架绿化实施了科技化改造，集中解决安全设施、自动给排水、土壤基质、植物品种等问题。

上海市成立了"绿化和市容行业科技创新工作领导小组和推进办公室"以及"城市新优植物资源开发与利用联盟"，并开展了"四化"专项规划编制工作。

（七）注重立法，管理约束行之有效

广州市设立主要树种论证制度防止种"领导树"。2017 年修订颁布的《广州城市绿化管理条例》提出："已建成的公共绿地和以景观效果为主的河涌附属绿地的主要树种和绿化景观不得随意变更。因特殊原因确需变更的，面积在 5000 平方米以上的，绿化行政主管部门应当组织专家对变更的必要性和成本进行论证，并将专家论证意见向社会公布，听取公众的意见。向社会公布的时间不得少于十五日。"广州市还设立了"永久保护绿地制度"，将一些具有重要景观价值、人文价值和历史意义的绿地明确为"永久

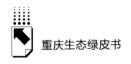

保护绿地"，除非发生重大变革，否则不得变更永久保护绿地。

杭州制定颁布了《杭州市城市绿化管理条例》《杭州市城市绿化管理条例实施细则》等 10 余部地方性法规，构筑起较为系统完善的园林绿化法律法规体系，为城市绿化持续健康和快速发展提供了坚强保障。

新加坡从 20 世纪 70 年代开始，先后出台《公园与树木法令》《公园与树木保护法令》等法律法规。法律要求任何部门都要承担绿化的责任，没有绿化规划，任何工程不得开工。住宅小区的绿化必须达到总用地的 30% ~ 40%，住宅楼须距离马路 15 米以上等。

（八）抓住机遇，全面共建提质增效

杭州在 G20 峰会期间，实施"美化家园"环境彩化提升工程，使入城口面貌焕然一新、道路景观颜值飙升，节点彩化锦上添花，通过高品质的美化彩化呈现历史与现实交汇的独特魅力，向世界展示了美轮美奂的中国印象。

厦门市借创建国家生态园林城市、举办金砖国家领导人厦门会晤等重大任务之机，全面提升了城市绿化水平，建立健全了各项工作制度，得到了习近平总书记"高颜值的生态花园之城"的肯定评价。

上海借助世博会和 2018 年进博会实现了两次飞跃式发展，绿化景观提高到一个前所未有的高度，截至 2018 年底已建成 4.23 万亩生态廊道，形成由"口袋公园—社区公园—地区公园"三级公园绿地组成的城市公园体系，建成区绿化覆盖率达到 39.1%。

广州借助亚运会和财富论坛的举办，逐步完善绿化生态体系，花城特色日益凸显，建成区绿化覆盖率达 42.5%，打造出"绯色之城"的全城花海景观，向世界呈现花城风采。

三 重庆城市绿化建设的重点领域

公园城市是全面体现新发展理念的城市发展高级形态，坚持以人民为中

心、以生态文明为引领，是将公园形态与城市空间有机融合，生产生活生态空间相宜、自然经济社会人文相融的复合系统，是人、城、境、业高度和谐统一的现代化城市，是新时代可持续发展城市建设的新模式。打破城市空间用地限制、整合空间资源，完善绿地体系的社会服务功能，对城市绿地进行全面定义，定性、定标、定量和系统布局，构建城乡一体的绿色基础生态空间、绿色公共游憩空间、绿色防护保障空间和绿色附属配套空间等四大绿色空间。

（一）优化城市绿色空间体系

结合"一岛两江三谷四山"的生态修复，统筹城市园林"四化"建设，把"两江四岸"打造成为重庆中心城区绿化核心轴，完善连接缙云山、中梁山、铜锣山、明月山等"四山"的绿道体系，塑造重庆城市绿化主体骨架；40条一级支流、28处组团隔离带和40条城市级绿道等江、山、森林、湿地、农田、绿地景观构筑城市主要组团间的生态绿隔，建构"两带四楔，百廊织网，千园链城，立体画卷"的城市绿地系统基本框架，维持重庆中心城区生态安全格局。

1. 完善绿色基础生态空间建构

以四大山体、城中山体、山脊线、长江、嘉陵江、各级支流、水库、湿地、林地斑块等构建绿色基础生态空间，塑造绿色空间格局。一要强化生态，保护敏感空间资源。对山、水、林、湖（库）等敏感资源进行分级保护，划定管制区域，重视林缘生态空间，加强受损空间生态修复，连通斑块状资源空间，形成生物通廊。二要丰富景观，提升生态绿地品质。改造森林林相，抚育山地景观林，丰富绿化层次，加强滨水空间建设，提升城周景观品质，达到花化、彩化、香化、美化城周绿色空间的目的。三要统筹城乡，构建一体绿化格局。重视区域绿地建设，对城市周边山体、水体、林地等资源空间进行划定，形成"大山大水、林园环绕"的城市生态安全体系，与城市园林绿地一起，构建城乡一体化大园林生态格局。

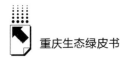

2. 完善绿色公共游憩空间建构

以城市外围风景名胜区、森林公园、郊野公园以及城市建设空间内城市公园、广场以及起到联系纽带作用的城市绿道、"两江四岸"滨水游憩带等构建绿色公共游憩空间，增强市民和游客体验感。一要统筹整合，构建绿色游憩体系。将具有休闲游憩功能的绿色空间全部纳入主城区绿色游憩体系进行统筹整合，实行区域互补，建设更加完善的公共游憩空间体系。二要优化布局，打造绿色游憩网络。减少绿色公共游憩空间服务盲区，将绿色公共游憩绿地用城市绿道连接起来，构建和形成结构完整、功能互补的绿色公共游憩生态网络系统。三要增绿添园，开发绿地游憩空间。腾退还绿、疏解建绿、见缝插绿，做好建成区边角地等零星用地的清理利用，加强城市周边生态和郊野公园的利用，多举措增加城市绿色公共游憩空间。四要提档升级，营造品质游憩空间。完善绿色公共游憩空间基础服务设施，加强标识系统建设，提高绿色公共游憩空间的可进入性。加快老旧公园及品质低下公园的绿地改造提升，更新适宜植物品种，提升公园景观效果。因地制宜地设置应急避难场所。运用"互联网＋"将智慧管理融入绿色游憩空间建设，积极建设智慧公园。五要传承文脉，展现城市文化魅力。充分利用和挖掘主城区自然景观和文化资源，将文化元素融入公共游憩空间设计，提高绿色游憩空间文化品位和内涵，展现城市底蕴，感受文化魅力。最终营造环境宜人、景观优美、游憩基础设施完善、具有丰富文化体验的绿色公共游憩空间。

3. 完善绿色防护保障空间建构

以高速公路、高铁沿线、电厂水电站区域设施及附属等城市建设用地之外的部分区域设施防护绿地和城市建设空间之内的部分防护绿地等构建绿色防护保障空间，满足多元功能需求。一要严控边界，保障设施防护功能。严格控制重要设施防护隔离、保障用地，优化调整组团隔离带，加强城市各类防护绿地规划的实施，切实起到对城市空间的防护隔离作用。二要复合功能，满足多元功能需求。注重防护绿地品质建设，优化植物群落搭配；开展新旧住宅附属绿地改造升级建设，注重组团隔离带与外部生态绿化的连接以及绿化带本身内部的连续性。

4. 完善绿色附属配套空间建构

以城市建设用地内部绿地系统中承担生产生活功能的居住、工业、市政公用、金融贸易、科教文卫、机关、部队等企事业单位用地的附属绿地空间构建绿色附属配套空间，是与人的生活联系最为紧密的一类绿色空间。一要增值利用，拓展空间服务价值。结合"生活＋"的规划理念，挖掘增加各类附属绿地生态功能，大力推广立体绿化，加强屋顶绿化、边坡、桥头、隧道口、轨道交通等的绿化，形成城市立体绿化空间，全方位拓展城市绿化空间，提升绿地服务价值。二要提升品质，营造幸福宜居环境。开展新旧住宅附属绿地改造升级建设，满足生态、景观、生产办公、休闲游憩功能，加强园林式单位、居住区评比和创建。同时，加强城市道路绿化隔离带、道路分车带和行道树的绿化建设，体现生态、艺术品位。

（二）提升城市园林绿化品质

要进一步理清"绿化、彩化、香化、美化"之间的内在关系，绿化要突出增量提质优化结构，彩化要结合自然条件突出重点，香化要围绕人的需求因地制宜，美化要体现科学艺术文化融合。

1. 绿化是前提和基础，要突出增量提质优化结构

一是突出"增量绿化"。全面查清重庆市园林绿地家底，统一对各区通过遥感解译形式，得到真实的存量和增量数据，为合理规划绿化用地建设指标提供科学依据。对标国家生态园林城市标准和成都、杭州等先进城市绿化水平，实施城市增绿工程，要重点做好城市滨江滨水带、荒山荒坡、闲置地、边角地、零碎地等空白地带的园林绿化工作，做好堡坎、桥梁、轨道、高架等配套绿化工作，确保到2022年，中心城区建成区绿地率达到40%。

二是加强"生态绿化"。对山、水、林、湖（库）等敏感资源进行分级保护，划定管制区域，形成"大山大水、林园环绕"的城市生态安全体系，与城市园林绿地一起，构建城乡一体化大园林生态格局。要结合重庆山地特色，加强乡土植物开发和利用，实现城市绿化物种的多样性，提升城市绿化的生态功能。要结合"两江四岸"消落带治理、生态湿地、森林公园建设，

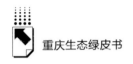

强化城市绿化的生态功能。

三是推进"均衡绿化"。在中心城区通过腾退还绿、疏解建绿、见缝插绿等途径，做好插花地、边角地等零星用地的清理利用，增加城中公园绿地、小微绿地，多举措增加城市绿色公共游憩空间。同时加强对城市周边生态公园和郊野公园的利用，打造布局合理、均衡发展的绿化格局。

2. 彩化是亮点和方向，要结合自然条件突出重点

一是因地制宜稳步推进。结合重庆市自然本底，坚持适地适树原则，针对"绿肥红瘦"、树多花少的现实基础，推进增花添彩工程，适度增加花卉和彩叶树种在城市园林绿化植物材料中的比重；从文化内涵、色彩构成、形式特色等方面提升花卉彩叶景观的品质，进而提升城市总体形象品质。

二是增加花卉彩叶植物。以木本为主、草本为辅，增加彩叶植物和花卉植物的使用量和集中程度，如增加梅花、腊梅、山茶、早花樱花等冬季赏花品种。凸显重庆特色，适当提升市花山茶花的使用规模。在中心城区，特别是两江新区、高新区、经开区等适量种植适应重庆气候特点的新优品种，以及多色调花卉。通过彩花植物的组合运用，力争花卉彩叶植物覆盖率达到30%以上。

三是强化重点工程打造。在"两江四岸"、城市重要交通入口节点、城市广场、公园等重点区域、重点空间和重点路段，充分利用植物色彩美和形态美，通过乔、灌、藤、草等植物合理配置，营造出随时间季节而变化、具有现代特色的城市彩色生态景观。要重点打造一批花团锦簇、特色浓郁、文化深厚、四季不同的精品花卉彩叶观赏基地。

3. 香化是点缀和补充，要围绕人的需求因地制宜

一是围绕人居环境合理布局。应结合芳香植物的特性及适宜群体合理布局，选择条件适宜的公园、广场、步道、健身场地、慢行系统、植物园等城市公共空间、单位附属绿地以及居住小区，打造城市芳香植物主题公园、香味大道、芳香小区、保健园林等。要注意空间的适当围合，同时做到合理密植，以达到芳香挥发物质的合理浓度，有效起到对人体某种疾病的预防、治疗或保健作用。

二是景观设计融入康养元素。区分不同芳香植物的花期和芳香类型，发挥不同时期各类芳香植物不同的保健功能。兼顾景观季相美，结合其生态习性、保健功能统筹安排各景观要素，尽量形成符合自然规律、具有保健功能、体现美学意义的综合功能群落。设计合适的花坛、花境，如高架式、直立式等，设置芳香疗法区，开发熏香、沐浴、食疗、茶饮、园艺操作等康养元素并融入景观。

4. 美化是"四化"最高层次，体现科学艺术文化融合

一是彰显地域文化。景观设计要充分体现重庆地域文化，把巴渝文化、革命文化、三峡文化、移民文化、抗战文化和统战文化等融入景观绿化中，充分利用重庆的地形地貌特点，塑造出富有创意和个性的景观空间。加强对重庆本土花卉彩叶苗木历史文化的研究，加强植物的引种驯化，定向引种驯化并推广新优花卉彩叶植物和地域特色植物。

二是强化以人为本。按照"可进入、可参与"的规划理念，着重为广大市民提供优质、高效的公共服务，处处体现人性关爱和人文情怀，展示城市的优美、舒适、洁净和便利，不断满足人的需求。

三是提升设计水平。积极引进国内外知名园林设计机构，参与重庆市园林设计、建设；加强与国内外一流园林机构的交流合作，提升重庆市园林绿色设计水平。适当引入花境、绿雕等现代园林艺术精品。

四是打造精品项目。重点是在规划与设计上追求高品质，在建设与管养上追求精细化，提升园林意境；加强对部分存量绿地的绿化减量梳密，形成疏密结合，乔、灌、草、花合理搭配，高低错落层次丰富的城市绿化精品。

（三）强化城市绿化苗木供给

一是优化品种结构。要结合城市绿化需求和重庆气候、土壤等自然条件，大力发展乡土植物、彩叶苗木、抗逆性强和抗旱性强的苗木等供不应求的优质花卉苗木品种。加大对市花山茶花的培育力度，丰富品类，满足全季节开花需求，加大对乡土植物群落的培育和驯化力度。

二是建设保供苗圃。按照绿地面积5%左右规模，建立政府主导的苗圃

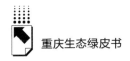

基地，主要用于乡土植物、特种苗木的选育、驯化、储备。可采取定向购苗的方式，引导建设高质量标准苗圃。依托生产场地较大的国有苗木企业高标准建设苗景林，打造景观化、场景化生产基地。

三是充分利用市场。加强对重庆市自然条件和全国花卉苗木市场供需结构及发展趋势的分析研判，对于重庆市不具备生产比较优势、全国市场过剩的花卉苗木，以及同质化严重的树种、中小规格苗、速生苗及常用工程苗要优化资源配置，借助全国市场供大于求、价格低廉的特点进行采购，保障重庆市园林绿化苗木供给。

（四）提升城市绿化产业发展水平

一是培育龙头企业。引导园林绿化企业发展壮大，主动对接资本市场，通过企业合资合作、兼并、重组等，向具有整体开发、设计、采购、施工、养护等功能的综合性企业集团发展，培育行业龙头企业。鼓励企业建立种子选育、种苗培育、采后储运和流通等全过程生产标准，积极推进花卉苗木标准化生产。推广使用园林机械，提升苗圃、施工、管护企业机械化水平。

二是加强技术研发。加强适生彩化、珍贵树种筛选、培育、配置等关键技术研究。要重点研发花卉繁育、种子种苗生产及配套生产关键技术，包括花卉苗木育种高新技术、花卉苗木良种（种子、种苗、种球）产业化快繁技术、容器栽培技术、设施化商品花卉苗木栽培技术、花卉苗木采后包装处理与保鲜贮运技术等。加大绿地和林地土壤改良、水肥管理、植物养护、病虫害防治等技术研发和推广力度。

三是壮大人才队伍。加强园林绿化中高级专业人才队伍建设，针对园林绿化专业设立晚、行业发展快、人才需求量大等情况，创新评价机制，修订评价标准，重点向企业和一线倾斜。完善园林绿化高级技工考评机制，加强高级技工培训，做好园林绿化技术工人梯队建设，根据岗位特点，广泛开展在职继续教育。促进企业与高校、中等职业学校的交流与合作，组织园林企业人员进学校接受培训，在校学生进园林企业开展实践，实现教育与实践的紧密结合。

四　重庆城市绿化建设的体制机制保障

（一）完善园林绿化立法和标准

一是完善城市园林绿化法规体系。城市园林绿化建设遇到的困难大多与法律法规缺失有关，尽快修订完善《重庆市城市园林绿化条例》，制定《城市绿化管理办法实施细则》《城市基建绿化工程管理规定》《城市空间闲置地暂时绿化管理办法》等。

二是完善园林绿化地方标准体系。以市园林绿化行业主管部门为主导，以《重庆市城市园林绿化条例》为依据，制定完善绿化工程规划、设计、招标、施工、监理、管护规范等一系列地方性标准，使城市绿化设计有据可依。同时，建立园林绿化一条龙的园林绿化管理制度体系。在城市综合执法中强化对绿地养护管理的执法监督检查和社会监督。

（二）加强城市园林绿化规划引领

一是加强园林绿化规划。应按照"三生统筹""多规合一"的基本原则，划定绿色空间底线，保障足够的城市绿化空间，遏制城市生产、生活空间的简单蔓延。及时修订城市绿地系统规划、绿化总体规划、详细规划，分阶段、分城区编制具体规划；重点完成城市绿地系统规划、城市公园绿地修建性详细规划、绿道规划、郊野公园实施与利用规划等专项规划，丰富城市绿化发展体系。同时，推动各区细化编制片区控制性规划和建设详细规划，使城市绿化规划有源可溯。

二是加强城乡绿色空间连接。以创建国家生态园林城市为抓手，优化城市生态空间。主城都市区推进城市江河湖库岸线和城中山体生态建设、绿道绿廊建设和组团隔离带建设，加强外环以内主城区交通干线防护绿地建设，形成交通观光廊道，打造区域绿环、市域绿点。加强公园绿地、绿廊绿道、山城步道、滨江岸线、城中山体等城区绿色公共生态空间的连接，规划构建山城绿道，形成完整的绿色网络结构，增强绿地生态系统的整体效能，逐步从城区延伸到城周区域绿地，形成城市内和城市外的联通，最终达到全域构绿。

三是强化绿化控制约束。加强城市绿地系统规划、绿色空间发展规划等专项规划中的用地空间控制，严格执行绿地率指标和绿化空间管理要求。加强城市生态公园以及城市绿地中其他具有核心生态价值的绿地保护，将其划定为永久保护绿地以及城市绿线。强化占用和临时占用城市园林绿地的事中事后监管，建立绿线责任追溯管理机制。完善"山水林田湖一体化"重要生态系统保护和修复，贯彻落实城市绿地的"生态化"目标，发挥生态服务、生态保育功能，划定生态功能分区，严格落实分区管控。

（三）强化园林绿化管理部门职责

一是加强行业监管职能。建立公共绿地和建设项目附属绿化工程建设项目联审决策制度，市城市管理局会同市发展改革委、规划与自然资源局、财政局、住房与城乡建委、交通局、生态环保局等部门，按照工程项目监理和园林绿化质量监督并重的原则进行联合评审。探索开展园林绿化工程景观效果评价，将景观效果评价纳入规划、设计、招标、施工、监理、管护全环节，确保绿化标准、效果不打折扣。

二是加强主管部门主导作用。市级职能部门应承担全市重点绿化项目，如"两江四岸"、大型公园、核心主要干道、关键节点等绿化工程的建设和管护责任，为全市园林绿化工作打造标杆。建议市城市管理局内设公园管理中心（处）等机构，负责重点工程的建设管理，区县城管局应设立技术总工，加强属地园林绿化技术指导。建立"市城管局—绿化专家—片区负责人"三个层面的协调工作机制，根据重要片区划分，结合各阶段工作要求，委派片区负责人，常驻重点区域工程项目现场，督办进度，指导建设，解决问题，实现分片分项督办责任到人。

三是加强市场主体信用评价。制定《重庆市园林绿化施工企业信用评价实施办法》，完善重庆市园林绿化工程建设市场的信用体系建设，建立企业黑名单制度，明确信用评价结果在绿化工程招投标中的应用。

（四）提升城市绿化管理水平

一是推进城市绿化智慧管理。依托园林绿地基础数据库，综合运用现代信息技术，集成基础地理、园林事件、公园监控等多种数据资源，构建城市园林绿化智慧化管理体系，提供数据查询统计、数据辅助分析、行业标准综合评价、监督预警等多种辅助决策分析功能，实现区域内园林绿化数据的空间化、精细化管理。

二是完善区县绩效考核制度。建立和完善园林绿化管理的考核制度，并按照规定将考评结果纳入区县政府绩效考核体系。要提升园林绿化分值和在城市综合考评中的权重，使园林绿化成为区县综合考评中的一项重要内容，推动区县强化园林绿化建设和管护工作。

三是充分发挥行业协会作用。加强园林绿化行业协会的桥梁纽带作用，强化会员管理和服务，反映行业诉求，规范企业行为，维护企业合法权益。建立行业从业人员行为准则，倡导企业诚信经营，提升从业人员职业道德水平。由行业协会定期组织开展行业评优活动，健全完善园林绿化示范工程、园林绿化创新设计、精细养护示范绿地等评价机制，形成一批示范、样板项目。

（五）强化园林绿化资金保障

一是足额保障财政资金投入。要充分运用市场化手段，逐步建立"政府投入为主、市场融资为辅"的多元园林绿化建设筹资渠道。市、区县两级政府要将绿化投入资金足额纳入各级财政年度预算，并确保按照经济社会发展水平实现园林绿化投入稳定增长。

二是提高建设管护定额标准。根据经济社会的发展，及时调整绿化建设工程定额标准和养护标准，足额保证绿化工程项目建设、管护经费。对于市政工程配套绿化，应按照标准实行专项经费切块，交由属地主管部门专款专用。

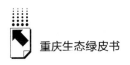

（六）整合全社会力量共同推进

一是以创建国家生态园林城市为抓手，按照"两点"定位、"两地""两高"目标和"发挥三个作用"要求，继续做好城乡规划、土地利用规划衔接工作，修订完善各专项规划后，以创建行动为契机加大投入、健全制度，整合全社会力量提升城市绿化水平。

二是借鉴上海、杭州、厦门、广州等地抓住举办重大国际性会议的机遇极大提升城市绿化品质的宝贵经验，利用重庆召开智博会、国际赛事等重大活动，在全市重要门户、重要道路、重要节点集中力量促进园林绿化提质增效。

三是定期举办城市花博会、园林博览会、花文化节等活动，坚持"走出去，请进来"，结合各类园林博览会强化园林活动品牌，提升重庆园林绿化影响力。

参考文献

承建文等：《学习新加坡立体绿化经验再造上海城市绿色空间》，《上海建设科技》2008 年第 1 期。

李晓江、吴承照、王红扬等：《公园城市，城市建设的新模式》，《城市规划》2019 年第 3 期。

许士翔、师卫华、李程：《公园城市语境下的城市绿色空间概念分析及功能识别》，《建设科技》2020 年第 4 期。

杨小广：《全力推进美丽宜居公园城市创新实践》，《成都日报》2019 年 7 月 17 日。

雒占福、张金、刘娅婷等：《2000—2017 年中国城市绿化水平的时空演变及其影响因素研究》，《干旱区地理》2020 年第 2 期。

高谊、江灏、元妮娜：《城市绿地用途管制问题与制度建设研究——以青岛市为例》，《城市发展研究》2016 年第 10 期。

G.9
重庆建设高品质生活宜居地研究

彭国川　何睿　孙贵艳　吕红　刘容*

摘　要：　推动成渝地区建设高品质生活宜居地是重庆高质量发展的要求，也是重庆对于党中央决定的积极响应。立足高品质生活宜居地内涵和特征，从自身的现实条件出发，汲取典型案例经验，重庆需要重点着力于提升物质文化水平、城乡建设管理品质、生态环境品质、基础设施建设品质、公共服务品质、人文环境品质、社会治理水平，以及健全公共安全体系。

关键词：　高品质　生活宜居地　重庆

习近平总书记在中央财经委第六次会议上强调，要推动成渝地区双城经济圈建设，在西部形成高质量发展的重要增长极。重庆推动成渝地区打造具有全国影响力的高品质生活宜居地，是唱好"双城记"、建好"经济圈"的重大举措。

---

* 彭国川，重庆社会科学院生态与环境资源研究所所长，研究员，主要从事生态经济、产业经济、区域经济研究；何睿，助理研究员，北京师范大学在读博士，主要从事资源经济、实验经济等领域研究；孙贵艳，副研究员，主要从事区域可持续发展、生态经济研究；吕红，重庆社会科学院生态与环境资源研究所副所长，副研究员，主要从事环境与可持续发展、公共政策等领域研究；刘容，研究员，主要从事区域文化及文化发展战略研究。

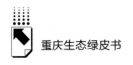

一 高品质生活宜居地的科学内涵

（一）高品质生活宜居地的内涵与特征

1. 内涵

本研究认为，高品质生活宜居是对区域（城市）适宜居住、生活、发展程度的综合评价，高品质生活宜居地是指具备富足的物质生活、优美的生态环境、便捷的基础设施、优质的公共服务、丰厚的文化体验、和谐的社会环境、安全的公共环境，人民群众获得感、幸福感和安全感得到更好保障和满足，适合人民群众居住、生活以及工作的城市和乡村。

（1）高品质生活宜居地的落脚点是"以人为本"

人民对美好生活的向往就是我们的奋斗目标，就是要满足人民对"更好的教育、更稳定的工作、更满意的收入、更可靠的社会保障、更高水平的医疗卫生服务、更舒适的居住条件、更优美的环境、更丰富的精神文化生活"的需求。推动建设高品质生活宜居地，就是要适应我国社会主要矛盾的变化，不断满足人民对美好生活的新期待，满足人民群众对经济、政治、文化、社会和生态各方面的美好需求，增强人民群众获得感、幸福感、安全感。

（2）高品质生活宜居地具有内涵上的全面性

高品质生活宜居地，既有物质富足的内容（如住房、收入、财富占有等），也有非物质满足的内容（如健康、精神、心理和社会满意度等）；既涉及经济、社会、民生发展层面，也涵盖城市管理、社会治理和社区建设领域；既包含完善人文、社会、生活和生态环境的内容，也体现建设开放、包容、多元、共享、充满活力的环境要求；既有社会客观感受评价，也有居民主观感受或个体满意度评价。

（3）高品质生活宜居地具有内容上的层次性

从内容上看，高品质生活宜居地建设要满足的民生需求包括三个层次：

底线民生为困难群众生活托底；基本民生保障民众基本生存和发展需要；质量民生在于提高民众的生活质量，关注民众在基本生活满足后对美好生活的渴求。建设高品质生活宜居地既要注重统筹布局的全面性又要注重发展的层次性，要夯实底线民生、升级基础民生、打造质量民生，为不同群体的合理利益诉求与期盼提供精准服务，进一步提升城市民生温度。

（4）高品质生活宜居地要注重城乡融合发展

高品质生活宜居地既要"城市提升"又要"乡村振兴"。高品质宜居城市要使得经济发展更高质量、生态环境更加优美、公共服务更优质均衡、文化魅力更加彰显、生活服务更为便捷、社会环境更加稳定安全；美丽宜居乡村要符合"产业兴旺、生态宜居、乡风文明、治理有效、生活富裕"。必须坚持城乡融合发展，结合大城市带动大农村的实际，通过生产、生活、生态和农业、加工业、服务业有机结合推动农村发展，实现城乡共建高品质生活宜居地的愿景。

2. 特征

根据高品质生活宜居地的内涵，本研究认为高品质生活宜居地应该具有以下几个特征。

（1）具备富足的物质生活

物质富裕是高品质生活宜居地的"基础"。较高的收入水平、公平的收入分配、充分的就业保障、良好的居住条件、多样化的消费选择等是高品质生活宜居地应该具有的基本特征。富足的物质生活既要能够满足人民衣、食、住、用等生存的基本需要，也要不断满足人民对更加体面、更有尊严、更加幸福和更加多样的物质生活的追求。

（2）具备优美的生态环境

生态环境是高品质生活宜居地的"前提"。合理的国土空间格局，清洁的水源、清新的空气、干净的土壤、茂密的植被、宜人的城乡人居环境，是高品质生活宜居地建设成效的重要标志。生态环境是人类生存和发展的基础，提供更多优质生态产品以满足人民日益增长的优美生态环境需要，是最公平的公共产品，是最普惠的民生福祉。

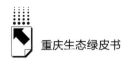

（3）具备完善的公共服务

公共服务是高品质生活宜居地的"基石"。公共服务是居民日常生活内容的重要组成部分，包括教育、医疗、卫生、健康、养老、社会保障等各类服务。高品质生活宜居地必须提升标准化、均等化水平，确保公共服务配套齐全、功能完善、布局合理，基本公共服务覆盖全民、兜住底线、均等享有，现代化水平不断提升，使人民获得感、幸福感、安全感更加充实、更有保障、更可持续。

（4）具备便捷的基础设施

基础设施是高品质生活宜居地的"支撑"。畅通的交通网络、可供选择的快速便捷的公共交通、高效的交通管理系统为居民的便捷出行提供支撑；完备的水、电、气、热、卫生、道路桥梁等市政设施为居民的舒适生活做足保障；5G、人工智能、工业互联网和物联网等"新型基础设施"引领人民追求更加美好的新生活。

（5）具备丰厚的文化体验

文化体验是高品质生活宜居地的"特质"。文化积淀厚重、文化活动丰富、休闲娱乐多样、文旅融合共荣、公共文化服务均衡能够彰显高品质生活宜居地的独特魅力。丰厚的文化体验是提升生活质量和幸福感的重要途径，也是提升高品质生活宜居地吸引力实现"近者悦远者来"的关键要素。

（6）具备和谐的社会环境

和谐的社会环境是高品质生活宜居地的"关键"。高品质生活宜居地要实现社会治理主体多元化、社会治理结构扁平化、社会治理体系精细化、社会治理机制一体化、社会治理方式法治化、社会治理能力现代化，社会运行更加有序、社会环境更加文明、社会关系更加和谐、人的个性发展环境更加宽松自由。良好的社会治理能力和治理水平能确保人民安居乐业，获得更强的获得感和幸福感。

（7）具备安全的公共环境

公共安全是高品质生活宜居地的有效"保障"。高品质生活宜居地要把安全放在第一位，要具备健全的公共安全体系，包括立体化的社会治安防控体系，以及完善的食品药品安全监管体系、生产安全防控体系和防灾救灾减灾体系，具有良好的社会治安环境、高效的城市应急响应和恢复能力，让人民吃得放心、住得安心，进一步增强人民群众安全感。

（二）高品质生活宜居地指标体系

重庆致力于打造具有全国影响力的高品质生活宜居地，其指标体系包括物质生活富裕度、生态环境优美度、公共服务充裕度、基础设施便捷度、文化体验丰厚度、社会环境和谐度、社会环境安全度7个一级指标47个二级指标（见表1）。

表1　重庆高品质生活宜居地指标体系

序号	一级指标		二级指标	单位
1	物质生活富裕度	1	居民人均可支配收入	元
		2	城乡居民收入比	—
		3	居民人均消费支出	元
		4	城镇调查失业率	%
		5	人均住房建筑面积	平方米
		6	对生活水平的总体满意率	%
2	生态环境优美度	1	河流断面的水质达标率	%
		2	空气质量优良天数比例	%
		3	土壤重金属污染率	%
		4	森林覆盖率	%
		5	人均公园绿地面积	平方米
		6	乡村卫生厕所普及率	%
		7	对城乡人居环境的满意率	%
3	公共服务充裕度	1	公办学前教育占比	%
		2	义务教育基本均衡县（市、区）的比例	%
		3	每万人执业医师数	人
		4	居民电子健康档案建档率	%
		5	每千名户籍老人养老机构床位数	张
		6	基本社会保险覆盖率	%
		7	城市"一刻钟公共服务圈"覆盖率	%
		8	对基本公共服务的满意率	%

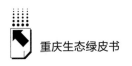

续表

序号	一级指标		二级指标	单位
4	基础设施便捷度	1	单位面积拥有高铁通车里程	公里/平方公里
		2	每万人拥有城市轨道交通里程	公里
		3	农村燃气普及率	%
		4	人均拥有排水管道长度	米
		5	5G基站数	座
		6	对城乡生活便利程度的满意率	%
5	文化体验丰厚度	1	文化机构数	个
		2	电视节目综合人口覆盖率	%
		3	艺术表演团体国内演出场数	万场
		4	体育比赛场数	万场
		5	文化旅游线路条数	条
		6	公共文化设施覆盖率	%
		7	对休闲娱乐方式多样性的满意率	%
6	社会环境和谐度	1	社区党组织覆盖率	%
		2	基层自治组织选举居(村)民参与率	%
		3	城乡居民公共事务参与率	%
		4	城市社区"一刻钟社区服务圈"覆盖率	%
		5	城市服务管理网格化体系覆盖率	%
		6	每万常住人口拥有社会组织数	个
		7	对社会环境的满意率	%
7	社会环境安全度	1	刑事案件发案率	%
		2	重点食品安全监测抽检合格率	%
		3	药品抽验合格率	%
		4	单位地区生产总值生产安全事故死亡率	%
		5	火灾事故发生率	%
		6	对公共安全的综合满意率	%

物质生活。采用居民人均可支配收入、居民人均消费支出反映居民的收入、支出情况，采用城乡居民收入比反映城乡收入分配公平性，采用城镇调查失业率反映居民的就业情况，采用人均住房建筑面积反映居民的居

住条件。此外，采用对生活水平的总体满意率来反映居民的生活水平现状。

生态环境。采用河流断面的水质达标率来表征水质情况，采用空气质量优良天数比例来表征空气状况，采用土壤重金属污染率来表征土壤情况，采用森林覆盖率来反映植被情况，采用人均公园绿地面积来反映城市人居环境，采用乡村卫生厕所普及率来反映乡村人居环境。同时，还采用了对城乡人居环境的满意率这个生态环境重要维度的主观指标。

公共服务。采用公办学前教育占比、义务教育基本均衡县（市、区）的比例来反映义务教育和教育平衡情况，采用每万人执业医师数反映医疗情况，采用居民电子健康档案建档率反映健康情况，采用每千名户籍老人养老机构床位数反映养老情况，采用基本养老保险覆盖率反映社会保障服务情况。本研究还采用城市"一刻钟公共服务圈"（指社区居民从家庭居住地出发，在步行 15 分钟范围内，可享受方便、快捷、舒适的社区服务，主要包括由政府提供的基本公共服务等）覆盖率来反映公共服务覆盖情况。本研究还采用对基本公共服务的满意率来反映居民对公共服务的满意情况。

基础设施。采用单位面积拥有高铁通车里程、每万人拥有城市轨道交通里程反映居民对外对内出行状态，采用农村燃气普及率、人均拥有排水管道长度来反映市政设施情况，采用 5G 基站数反映信息设施情况。同时，本研究还采用对城乡生活便利程度的满意率这个主观指标来反映居民对交通、市政的满意情况。

文化体验。采用文化机构数反映文化积淀情况，采用电视节目综合人口覆盖率、艺术表演团体国内演出场数、体育比赛场数来反映文化活动情况，采用文化旅游线路条数反映文旅融合发展情况，采用公共文化设施覆盖率来反映整体供给情况。同时，本研究还采用对休闲娱乐方式多样性的满意率来反映休闲文化多样性情况。

社会和谐。采用社区党组织覆盖率、基层自治组织选举居（村）民参与率、城乡居民公共事务参与率反映社会治理基本情况，采用城市社区

"一刻钟社区服务圈"覆盖率反映社会服务情况，采用城市服务管理网格化体系覆盖率反映社会管理情况，采用每万常住人口拥有社会组织数反映社会动员情况；采用对社会环境的满意率来表示居民对社会治理的满意程度。

公共安全。采用刑事案件发案率反映社会治安防控情况，采用重点食品安全监测抽检合格率反映食品安全情况，采用药品抽验合格率反映药品情况，采用单位地区生产总值生产安全事故死亡率反映生产安全防控情况，采用火灾事故发生率反映防灾救灾情况。同时，本研究采用对公共安全的综合满意率反映居民对公共安全体系的总体满意状况。

二 国内外打造高品质生活宜居地的经验借鉴

（一）制定前瞻性规划，绘制高品质生活宜居地发展蓝图

政府构建管控体系，形成宜居地发展明确蓝图。新加坡今天的宜居环境得益于政府明确、清晰和强有力的管控体系建设。以绿色发展为理念，使专业从事规划的人能够与相关企业很好地合作，规划部门精心编制了《绿色和蓝色规划》，果断执行了一系列重大的政策和相关规划，使得新加坡能够在城镇化快速推进的同时，仍能够给市民提供绿色和清洁的生活环境，对损坏绿化的行为实行严厉处罚。

控制都市核心区增长，提升中心城区建设发展质量。温哥华一直以来在城市建设中坚持遵循"精明增长"的发展理念，一边努力避免低密度的城市扩散，一边注重城市建筑密度比例和色彩搭配等。温哥华的建筑物一般以花草树木为屏障，使商店店面宽度适应路人行路的客观要求，同时加设遮蔽设施来避免各种天气变化带来的干扰，使得现代化的城市设计与城市自然风光交相辉映。

鼓励城市副中心和小城镇发展，分散城市中心区压力。上海致力于构建科学的城镇布局，建设城市副中心，以此来分散部分中心城区的功能，形成

"网络化、多中心、组团式、集约型"空间布局，将郊区城镇打包成城镇圈，23个城镇圈打破传统城镇体系以行政层级配置公共资源的方式，实现郊区地区的城乡统筹发展实现资源互补共享。

提高土地利用效率，强调空间的混合利用。西雅图实施"可持续发展的西雅图"发展模式，采取控制能耗、节约土地、高效利用基础设施、保护地方特色、保护生态环境等可持续发展，将西雅图都市区按建设密度从大到小分为"都市中心集合""核心型都市集合""居住型都市集合""社区中心点"四个大类，然后每一类都遵循自己的特色实行差异化发展。

（二）推动经济持续发展，奠定高品质生活宜居地物质基础

经济、社会和环境协调发展是高品质生活宜居地不可或缺的基础。三者是一个自循环系统，任一偏废都可能影响高品质生活宜居地的可持续发展。特别是对我国城市而言，发展经济，促进人民群众收入水平稳步提高是长期重要任务，因此国内城市相对而言更关注经济发展对高品质生活宜居地建设的影响。

调整产业结构，促进经济、社会、环境协调发展。广州以"效益优先、生态优先"为发展理念，建立了自己的现代产业体系，按"三二一"的产业发展优先次序，推动经济发展实现产业转型升级和方式转变。经济高速发展的同时，也关注民众生活水平提高，通过促进民众消费结构不断升级，为服务业的高速发展集聚动能，实现以消费促进产业结构升级的良好局面。

实施创新驱动发展，促进宜居宜业宜游建设。上海始终围绕国家战略，当好全国改革开放排头兵、创新发展先行者，加快建成具有全球影响力的科技创新中心。在新经济背景下，上海实施经济结构转型升级战略，注重创新驱动发展，通过打造中央活动区，既继承中央商务区的商业、商务等主要功能，又增加了创新、文化、旅游等功能，更好地实现人与自然和谐共生，更好地建设宜居城市，实现经济社会协调发展。

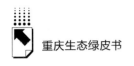
（三）鼓励节能减排，构建高品质生活宜居地生态环境

注重节能减排，信息技术发展与生态环境相得益彰。维也纳是一座生态环境优美的绿色国际城市，同时也是一座在智能信息技术方面领先的城市，力图推进"绿色"与"智慧"的融合，一方面是对现有能源设施、交通设施等进行智慧改造，另一方面是在新城开发新的示范项目中落实这种环保目标，重点落实气候和能源问题的"智慧"解决。

依托公园和绿化带的打造，积极营造健康环境。温哥华特别看重对绿色地带的生态保护，划出大都市区绿色地区的长期发展边界，也积极营造开敞的其他空间。为了保持大温哥华地区的生态特色，当地围绕佛斯河盆地，依据自然地理走向，修建了 4 个面积超过 12 公顷的大型公园，有效满足了人们开展不同室外活动的需要。

高度重视环保宣传，将环境健康化作为城市发展目标。东京政府一直致力于节能减排工作，实行了一系列政策来应对生态环境污染问题，力图为市民提供健康安全的环境，使得环保观念深入日本民心。

大力推动区域协同发展，开展环境保护联防联控。北京为控制"大城市病"，大力推动京津冀协同发展，加强非首都功能疏解。同时与天津和河北联手，从产业结构共同调整、产业升级和转移入手，联控环境污染问题。

（四）以人为本，提升高品质生活宜居地社会公共服务水平

提高就业率，促进就业均等化。深圳注重人的创造性激发，以文创设计品为依托，增强文创产业发展活力，最终在保护环境的同时提高了全市的就业率。

促进教育资源均等化，尽量实现基本教育免费。东京为了使学生能够接受较为公平的教育，在校际实行教师的"定期流动制"，平均每个教师约 7 年更换一次任职的学校。

经济适用房及保障房兜底民生，实现"居者有其屋"。新加坡政府设置

了建屋发展局，专门解决经济适用房和廉租房的问题，在"组屋"的地址选择、样式设计及配套设施建设上保证了居住质量，同时为了让居民都能买上房，新加坡政府推出了很多优惠政策。

建设"智慧"服务，提高公共服务创新水平。深圳以城市发展面临的突出问题为出发点，实现了政务资源互联互通，整合跨行业数据实现"智慧"服务，推动电子政务集约化建设，使得大数据应用能够为政府部门提供科学的决策依据。

实现公共服务全覆盖，更好保障和改善民生。上海为了方便居民生活，构建了"15分钟生活圈"，构筑了产城融合、配套便捷的公共服务圈层。广州针对外来务工人员，根据财力资源，尽可能地为外来务工人员提供服务，增强外来务工人员在广州的认同感和归属感。

（五）绿色可持续发展，建设高品质生活宜居地基础设施

空间规划和基础设施建设结合。维也纳将基础设施建设与城市总体规划对接，以此来缓解城市扩张压力，实现能源节约和零碳排放的目的。同时，城市智慧改造还包括城市交通、基础设施、废弃物管理、农业、自然保护等。

保持基础设施和社会服务设施协调发展。温哥华在基础设施建设与住宅数量之间实现了平衡，此外增加了公共交通供给，同时各个社区都配有绿色空地、活动中心、体育休闲和娱乐设施等。

构建完善的交通系统，鼓励发展公共交通。巴黎鼓励居民使用公共交通，政府将有限的资金主要用于发展公共交通网络，如延长现有地铁线、新建轻轨线、新建郊区高速铁路等，同时公交优先增设自行车道。

（六）尊重既有特色，创造性推进高品质生活宜居地文化建设

文化与艺术结合，注重可持续保护开发。奥地利首都维也纳是一座公园与宫殿楼宇相互融合的城市，这里的音乐氛围十分浓厚，每年从复活节开始有免费的约翰·施特劳斯音乐会，具有"音乐之都"的美称，是一座文化与艺术融合得很好的城市。

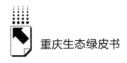
保护城市建筑遗产，促进老建筑改造升级。巴黎十分注重对于城市文化与历史遗产的保护，政府实行"再居住工程"，对老住宅区的外部空间和内部功能进行改造重建，既保存了建筑遗产又满足了人们对现代化生活的客观需求。

注重文化资源保护，大力发展文创产业。北京依托自身文化资源，发展文创产业，如激发了故宫等历史文创发展活力，同时将文创产业发展与产业转型、城市更新相结合，打造了798等著名的文创景区。

（七）注重精细化管理，保障高品质生活宜居地公共安全

树立"管理"和"服务"两大理念，突出精细化城市治理。成都城市管理主要以"安全、便民、清洁、有序"为目标，以"城管为民、城管便民、城管助民"为服务价值取向，提升"美学运用、社会动员、服务专业、智能管理"这四大能力，满足人民对美好生活的新期待。

激励公众参与，提高城市安全度。东京的城市管理体制十分安全且健全，主要包括3个部分：承担城市管理职能的民间组织系统、承担城市管理职能的企业系统、地方自治政府管理系统。同时市民自发建立了24小时民间岗亭"青色灯"，有效保障了大家的安全。

发掘社区组织潜力，助力基层居民管理。纽约市政府对于基层民众的管理主要是社区自治，招募和管理当地志愿者，利用基层社区来保障居民的生活质量。

创新社会治理，发展智慧服务。杭州以加快社会治理一体化进程为目标，实现了政务资源互联互通，通过融合跨行业数据来实现新型智慧社会治理，用科技力量来建设新型智慧城市。

三 建设具有全国影响力的高品质生活宜居地的条件分析

（一）打造具有全国影响力的高品质生活宜居地的优势

1.政策红利较多

习近平总书记对重庆提出"两点"定位、"两地""两高"目标、发挥

"三个作用"和营造良好政治生态的重要指示。2016年习近平总书记视察重庆时指出，重庆作为我国中西部地区唯一的直辖市，区位优势突出，战略地位重要，是西部大开发的重要战略支点，处在"一带一路"和长江经济带的联结点上，在国家区域发展和对外开放格局中具有独特而重要的作用，并提出"两点"定位、"两地"目标和"四个扎实"要求；2018年，全国"两会"期间总书记参加重庆代表团审议时，提出"两高"目标和营造良好政治生态的要求；2019年4月总书记再次亲临重庆视察指导，提出发挥"三个作用"的殷切期望。

中央诸多重大战略布局重庆、国家诸多重磅政策投放重庆，如1983年被确立为全国第一个经济体制综合改革试点大城市；1997年成为西部唯一的中央直辖市；2006年《全国城镇体系规划（2006—2020年）》将重庆与北京、天津、上海、广州一起被确定为国家五大中心城市；2007年成为国家统筹城乡综合配套改革试验区；2017年挂牌中国（重庆）自由贸易试验区。

2. 区位优势明显

战略位置重要。重庆是西部大开发的重要战略支点，处在"一带一路"和长江经济带的联结点上。重庆是新时代西部大开发和新一轮改革开放的前沿，在国家区域发展和对外开放格局中具有独特而重要作用，拥有中欧班列（重庆）、陆海贸易新通道、中新互联互通战略性项目、自由贸易试验区和保税物流中心等重要平台，国际交往、国际会展、文化交流、经贸活动日趋频繁，各种经济要素互通十分畅通。交通体系完善。重庆已经构建起较为完备的立体交通网络体系，形成连通东南西北四个方向的大通道，境内水运、空运、公路、铁路交通网络密集，可对周边贵州、四川、云南、陕西、湖北、湖南等省份近3.3亿人口产生辐射作用。

3. 自然禀赋较好

生态条件宜居。重庆属于亚热带季风气候，四季分明，具有"春早、夏热、秋凉、冬暖"的特点，水热资源匹配良好，适宜人类居住。森林覆盖面积广，全市森林面积达6400多万亩，森林覆盖率达到50.1%，2019年重庆全市空气质量优良天数达316天，城市集中式饮用水水源地水质达标率

100%。山水之城魅力独特。"重庆是山环水绕、江峡相拥的山水之城。"长江、嘉陵江、乌江"一干两支"从境内流过，主城依山而建、靠水而兴，呈现"一岛、两江、三谷、四脉"的自然山水格局。"两江四岸"成为"山水之城、美丽之地"的城市名片。2019年全市接待国内外游客6.57亿人次，居全国第一。文旅资源丰富。重庆具有源远流长的巴渝文化、三峡文化、抗战文化、革命文化、统战文化、移民文化。全市有世界自然遗产武隆喀斯特、南川金佛山和世界文化遗产大足石刻，合川钓鱼城、涪陵白鹤梁享誉中外，还有仙女山、金佛山、奉节夔门、云阳龙岗等世界级自然奇观。

4. 三大基础扎实

2017年7月以来，重庆市委带领全市人民，坚决贯彻习近平总书记关于重庆发展的系列重要指示批示精神，在新发展理念"落地版"上做了很多探索，扎实做好稳就业、稳金融、稳外贸、稳外资、稳投资、稳预期"六稳"工作；深入推进铁腕治霾、科学治堵、重拳治水、全域增绿"三治一增"，坚持打好污染防治十大攻坚战；打好"三大攻坚战"，实施"八项行动计划"；开展农村生活垃圾、污水治理、"厕所革命"和村容村貌提升等农村人居环境集中整治；全力保障和改善百姓就医、就学、出行、住房、社会保障等基本民生。

（二）打造具有全国影响力的高品质生活宜居地的现实基础

1. 物质生活建设方面

一是努力改善居住条件。坚持"房住不炒"定位，保持房地产市场稳定健康发展，实施公租房建设、棚户区改造和农村危房旧房改造等，实现住有所居。上海房地产研究院发布《2018年全国50城房价收入比报告》，重庆房价收入比为10.8，排第31名，重庆的购房租房压力较小。二是努力保障就业创业条件。实施"就在山城""渝创渝新""鸿雁计划"等就业创业促进计划，开展"春风行动""百企进村送万岗""就业渝鲁行——春风送岗助脱贫"等活动，推进《重庆市人力资源市场条例》立法等，创造了良好的就业创业环境。根据《2019年高校毕业生就业居行报告》，重庆在毕业生首选工作城市中排第 9 位。三是提升消费水平。根据《中国消费大数据指数研究报告（2019）》，重庆的线下消费能力仅次于北上广，居全国第 4。

2. 生态环境建设方面

重庆持续开展"碧水、蓝天、绿地、田园、宁静"五大环保行动，空气优良天数维持在 300 天以上，长江干流重庆段水质总体优良，均达Ⅲ类及以上。实施"治乱拆违、街净巷洁、路平桥安、整墙修面、灯明景靓、江清水畅、城美山青"七大工程，生活垃圾试点、"两江四岸"治理提升、边角地建设社区体育文化公园、"四山"保护提升、山城步道建设、坡地堡坎崖壁绿化美化，以及农村面源污染治理、以"五沿"区域为重点的农村人居环境整治等，形成城靓乡美的格局。

3. 完善公共服务方面

保证幼有所育、学有所教。实施公办幼儿园建设、普惠性民办幼儿园扶持、农村薄弱幼儿园条件改善、国家级贫困区县农村学前教育儿童营养改善、幼儿园教师队伍建设等工程。2019 年学前教育普惠率保持在 81.6% 以上，更多学龄前儿童在家门口就能上幼儿园。实施"全面改善义务教育薄弱学校基本办学条件"工程，实施普通高考综合改革，大力发展智慧教育。保证病有所医。推动公立医院管理体制、补偿机制、价格机制、医保支付、药品采购、人事编制、收入分配、医疗监管等体制机制改革，深化医学教育改革，加强对残疾儿童、失能老人等特殊群体的救助服务，开展医疗卫生行业多元化综合监管试点。保证老有所养。实施社区养老服务"千百工程"、养老机构改革，鼓励社会力量养老，建立长期护理保险制度，构建了以居家为基础、社区为依托、机构为补充、医养结合的多层次养老服务体系。保证弱有所扶，统一全市城乡失业保险政策，不断提高城乡低保标准和特困人员救助供养标准、城乡居民养老金标准，将事实无人抚养儿童全部纳入政策保障范围，推进"智慧救助"建设。

4. 完善基础设施方面

完善交通体系。实施城市提升交通建设"三年行动计划"、高铁建设"五年行动"。高速铁路建设突出"加快"，让建设进度加快，运行速度加

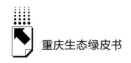

快；高速公路建设突出"加密度"，完善高速公路网络；普通干线公路建设突出"加等级"；"四好农村路"建设突出"加硬"，建设一批旅游路、产业路、便民路；大力推进公共停车场和步行系统建设，打造便捷、安全、高效的便民交通设施。

完善市政设施。实施主城区公安、交通、城管、通信、电力等部门杆塔资源"多杆合一、多箱合一"改造。开展主城区城市道路隔离设施（人行护栏、中央隔离栏、绿化隔离栏、防撞护栏等）品质提升。整治城市隧道和下穿道容貌，美化靓化各类城市桥梁，对有污渍、脱落、缺损等影响设施形象的桥梁和墩柱进行清洗、涂装、绿化，实现市政设施规范统一、整洁靓丽。

发力"新基建"。重庆市是中央定调"新基建"后第一批抢先行动的直辖市，启动"新型智慧城市运行管理中心"项目。毫米波雷达、无人驾驶、氢能燃料电池等新基建项目落户重庆，为重庆市的智能新能源出行奠定良好基础。实施免费无线局域网建设，实施主城区交通拥堵智能化治理、公共停车场和步行系统建设、厕所建设、公共直饮水项目。

5. 提升文化体验方面

实施基层综合性文化服务中心建设、惠民电影固定放映厅建设、群众身边体育场地设施建设、重庆智慧文化云平台建设，举办"全民健身周""全民健身月""好体育人在行动"志愿服务活动和流动文化进基层活动等，实现文化体育惠民。

聚焦"三峡、山城、人文、温泉、乡村"五张牌，加快非遗产业园、国家对外文化贸易基地项目建设，做大做强世界温泉谷、长江三峡国际旅游集散中心、重庆都市旅游和立体气候四季康养四大项目集群，举办"晒文化·晒风景"大型文旅推介活动、"山水之城·美丽之地"、2019"欢乐春节"文艺晚会等，促进文旅融合。

6. 完善社会治理方面

重庆创新社会治理，形成了永川区"乡贤评理堂"模式、南岸区"四公"治理模式，并在全市5000多个村打造以自治、法治、德治"三治合一"为核心，以党员联四邻、四邻带一片、一片促全域的"四邻联动"为载体的农村治理体系。开展"枫桥经验"重庆实践十项行动，加强"雪亮工程"建设联网应用，大力推进智慧法院、智慧检务、智慧警务、智慧司法建设等，切实提高系统化、社会化、精细化、法治化、智能化市域社会治理水平。扎实开展重庆市域社会治理现代化试点工作，拓展群众参与基层社会治理制度化渠道。

7. 加强安全管控方面

建立"社会面巡逻防控网、镇街和村社防控网、重点行业和重点人员治安防控网、机关企事业内部安全防控网、信息网络防控网"等"五张网"立体化治安防控体系，从社会面到重点行业、重点人员，到乡镇村社、机关企事业单位，再到信息网络，紧紧围绕老百姓生产生活，打造全面防范与重点防范相结合、传统领域与新兴领域相衔接的"天罗地网"。

深化药品安全监管体制改革。运用"最严谨的标准、最严格的监管、最严厉的处罚、最严肃的问责"，推进国家食品安全示范城市建设。举办"药品安全科技活动周""食品安全宣传周"等活动，运用宣传栏展示和宣传单发放等传统手段与"12331"和"12315"投诉举报宣传日等活动相结合的方式，进行宣传。

实施城市提升气象、乡村振兴、长江上游重要生态屏障、交通和能源气象、全域旅游五项气象防灾减灾救灾行动，加强智能化气象灾害监测预报预警体系、突发事件预警信息发布传播体系、人工影响天气智慧指挥作业体系、气象灾害风险防范体系、气象灾害防御责任体系和法规标准体系六大体系建设，使得自然灾害防治方面总体呈现"频率高、损失轻、救助好"的特点。

（三）打造具有全国影响力的高品质生活宜居地的短板和瓶颈

1. 价值创造与成果共享不协调

重庆居民人均可支配收入水平还不够高。2019 年重庆居民人均可支配收入为 28920 元，远低于天津、杭州、广州、上海等地区。重庆人均可支配收入占人均 GDP 比重仅为 38% 左右，与湖南（48.11%）、北京（41.31%）、上海

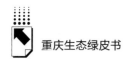
（44.15%）、广东（41.43%）相比仍有较大差距。

人均可支配收入增长与人均 GDP 增长不同步。2017～2019 年，重庆人均可支配收入增长幅度维持在 9% 左右，而人均 GDP 波动幅度较大，在 5%～8% 范围内变化。

城乡共享程度不同步。2015～2019 年重庆农村居民可支配收入年均增幅高于城镇居民可支配收入年均增幅，但城乡居民收入绝对差距一直呈现拉大的趋势。同时，城乡居民收入相对差距一直维持不变，与上海、广州等地区相比差距较大。

城镇登记失业率依然很高。重庆通过完善落实积极的就业创业政策，2017～2019 年城镇登记失业率呈现下降趋势，但重庆城镇登记失业率维持在 3% 左右，且与广州、杭州、湖北等地区相比还有一定的差距。

创新创业生态有待改善。与广东、深圳等相比，职业技能培训的针对性不强、实效性不强，培训周期短、中高级提升培训少，创新创业创造氛围不浓。

2. 区域空间发展不协调

空间发展不均衡。从经济总量、人口规模、基础设施建设、公共服务均等化等方面看，重庆相较于个别一线城市发展水平较低，且空间发展不均衡，表现为：从城镇化发展阶段来看，重庆处于完善和优化提升阶段；从城镇化水平与城镇化质量协调度来看，重庆城镇化质量空间差异较大，区域内两极分化明显；从人口流动看，受经济因素和人口因素共同作用，重庆部分县级市出现人口流失现象，呈现整体增长与局部收缩并存的空间格局。

重庆城乡融合发展先行先试有待加强。一方面，重庆具有"大城市＋大农村"的典型省域城乡二元分布格局，城乡融合发展需求迫切；另一方面，重庆作为全国较早统筹城乡综合配套改革试验区，在农村产权制度、农村投融资体制、城乡户籍制度、城乡社保制度、健全城乡一体化公共服务体系等方面仍需继续进行改革探索实践，城乡一体化发展需要新突破。

3. 生态环境短板亟待补齐

地形复杂、地貌多样，多组团城镇生态空间功能配套不足、连接不畅、环境不优。长江干流重庆段水质为优，但次级河流和支流水质总体劣于干流，富营养化和"水华"现象仍然存在。乡镇二三级污水管网建设不完善，污泥无害化处理处置率较低，存在乡镇污水处理"最后一公里"难题。化肥当季利用率、农药利用率较低，如 2018 年重庆的化肥利用率、农药利用率分别为 38.5%、38.8%，加之坡耕地多、降水多，农业面源污染风险仍较大。生活垃圾分类投放、收集、运输、处置能力建设不足，居民配合度不高，加之农村居民居住分散，垃圾收集转运工作量大、面广、战线长，收转成本较高。跨区域跨流域生态屏障建设统筹协调机制还不完善。

4. 优质均衡的公共服务供给不足

教育、医疗、养老等公共服务领域存在发展不平衡不充分、质量参差不齐、服务水平与经济社会发展不适应等问题，与"幼有所育、学有所教、病有所医、老有所养、弱有所扶"的目标仍有差距。突出表现在城乡和区域公共服务均等化方面仍不够平衡，重庆公共服务互联互通方面进展较慢。0～6岁的幼托教育面临的供需矛盾相对突出，随着全面二孩政策的实施，新生人口增加，对托幼服务和学前教育提出更大挑战。随着人口老龄化进一步加剧，现有的长期护理保险覆盖范围相对较小，保险资金来源渠道窄。养老、公积金等社保领域接轨衔接、互联互通稍显滞后。5G 等新一代信息技术在民生领域应用不够广泛，需要加快民生领域的新技术开发和运用。

5. 基础设施一体化发展滞后

基础设施互联互通水平不高。与京津冀、长三角、粤港澳大湾区等地区相比，重庆多层次对外交通和城际交通网络仍不完善，表现在：公路"断头路""瓶颈路"依然存在，受行政区划限制，重庆高速公路建设滞后。重庆既有及在建设计时速达 350 公里以上的高铁仅有成渝铁路 1 条。沿江港口规划建设统筹力度不够，支流航道建设水平有待提升，空铁水公联运衔接体系有待完善，区域整体集货和转口能力不足。

轨道交通密度偏低。与京津冀、长三角、粤港澳大湾区珠三角九市相比，重庆城轨人均拥有量较低。同时，由《2019 年度中国城市交通报告》可知，重庆排全国百城交通拥堵的第 1 位，这使得重庆总体上呈现拥堵常态

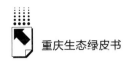

化现象。以5G、人工智能、工业互联网、物联网为代表的新型基础设施建设处于起步阶段，不能满足高品质生活宜居地建设的需求。

6. 人文环境还需进一步优化

在培育、彰显人文精神方面成效不够明显，在传递正能量、提振精气神方面，未能充分发挥人文精神应有的积极作用。对历史文化内涵挖掘不够，在讲好人文故事，更好地发挥文化人的积极作用方面，缺乏必要手段和创新办法。城市的文化品牌定位很模糊，宣传不多，没有明显的识别度。重庆国际文化交流活动较少，"走出去"仍不够。群众文化活动的参与人员、类别较少，基础设施较差，科技含量低，文艺专业人才不足，活动质量有待提升。

7. 社会治理方式仍需探索创新

企业、社会团体、公众的参与度较低，政府、企业、社会团体、公众等共同参与、共同协商，人人有责、人人尽责、人人享有的共建共享治理体系还需进一步完善。人民群众获得感、幸福感、安全感仍需稳步提升，人民群众作为社会治理的参与者、受益者和判断者的地位需进一步深化，以人民为中心的发展思想的社会治理效能需要提升。大数据和智慧化手段在社会治理中运用、创新不足，造成决策不够科学、监管不够充分、服务不够细致等问题，同时地区间有关数据，以及同一区域内政府数据、企业数据和社会数据的整合与共享仍然存在很多障碍。

8. 安全风险管控能力仍待提高

食品药品安全监管能力建设亟待加强。对"非药品"监管不够完善，监管检测工作还不能全程化、日常化，监管手段和监管技术不到位，监管人力不足，监管盲区空白点较多。食品药物残留和重金属等有毒有害物质含量超标、微生物污染和生物毒素含量超标、食品生产加工过程中的掺杂使假仍有发生。防灾减灾救灾体制机制有待完善。现有的自然灾害监测站网密度、预警预报精度以及信息传播水平和实效性有待进一步提高，部分城乡基础设施设防标准偏低，避难场所建设滞后，防灾减灾宣传教育和培训体系亟待完善，公众防灾减灾意识和能力需进一步强化。

四 重庆建设具有全国影响力的高品质生活宜居地的战略举措

1. 着力提升物质生活水平，进一步增强人民群众的获得感、幸福感

促进城乡居民收入增长，努力实现居民收入增长和经济发展同步。建立与市场接轨、和企业效益挂钩的工资决定及正常增长机制，完善工资指导、薪酬调查和信息发布制度，促进企业职工工资合理增长。健全农产品价格保护制度，着力推进农业产业化发展，发展乡村旅游，提升农产品加工、流通和乡村特色资源增值收益，促进农民家庭收入增加。大力拓宽居民增收渠道，完善投资入股、房屋租赁、产权交易等制度建设，保护和促进居民取得合法财产性收入。

健全就业创业服务体系。充分整合重庆就业服务场所、县及乡镇两级劳动就业和社会保障服务设施设备，协商制定基层基本公共就业服务政策，出台公共就业服务统一标准，建设一系列具有重庆特色的公共就业服务机构。加强就业困难人员就业援助力度，做好重点人群就业扶助，针对分类人群情况制定分类就业助推举措。大力开展就业技能培训、创业培训和岗位技能培训，推动实现更充分和更高质量的就业。

完善城镇住房保障体系，扩大"住有所居"覆盖面。优化保障性住房规划布局、建设模式和供应结构，鼓励民间资本参与建设和管理。实行实物保障与货币补贴并举制度，逐步加大租赁补贴发放力度。深化住房制度改革，建立租购并举的住房制度，对无力购买住房的居民给予货币化租金补助，把公租房扩大到非户籍人口。稳步发展住房租赁市场，鼓励以住房租赁为主营业务的专业化企业发展。健全保障性住房投资运营和准入退出机制，加大对保障房分配、销售、运营和管理等环节的监督力度。

2. 着力提升城乡建设管理品质，进一步优化国土空间、产业和人口布局

一是优化国土空间格局。科学划定区县城镇、农业、生态三类空间和生态保护红线、永久基本农田、城镇开发边界三条控制线。推进以生态保护红

线、环境质量底线、资源利用上线、环境准入负面清单为基础的环境分区管控，保障生态保护空间。探索建立国土空间用途管制制度，将土地用途管制扩大到所有国土空间，集约节约用地，提高用地质量和效益，促进人与自然和谐共生。综合考虑地区水资源、水环境和水生态承载力，合理规划城市群和都市圈的发展规模和开发边界，实现空间、资源、经济、人口的协调发展。

二是优化城镇体系空间布局。构筑重庆大都市区城市群、三峡库区城市群和武陵山区城市群，共同形成全市网络化城市群总体格局。鼓励"一区两群"各片区特色发展与协同发展相结合，提升主城都市区的承载能力，提升重要节点城市服务能力。优化市域城镇体系，以城市群为主体形态，科学布局空间结构，构建特大城市引领发展、大中小城市协调联动的网络化城市群。

3. 着力提升生态环境品质，进一步推动山更青、水更秀、城更美

一是筑牢长江上游重要生态屏障。进一步强化长江上游生态屏障的净化水质、涵养水源、水土保持和保护生物多样性等生态功能。开展国家山水林田湖草生态保护修复工程试点工作，继续深化新一轮退耕还林，实施长江防护林、天然林资源保护工程；加强水土流失和岩溶石漠化治理，实施小流域综合治理；构建以湿地自然保护区和湿地公园为主体的湿地资源保护体系。重点着力水污染治理工作，做好长江干流及主要支流岸线1公里范围内工业管控，严禁在长江干流及主要支流岸线5公里范围内新布局工业园区；加强农业面源污染防治工作，注重对重点河段、重要支流、重要水库等的黑臭水治理工作；推进城市生活污水管网等设施提标改造及新改扩建。

二是加快形成干净整洁有序、山清水秀城美、宜业宜居宜游的城市环境。推进"两江四岸"治理提升，彰显"山水之城·美丽之地"的魅力。强化"四山"保护，保护修复"四山"自然人文环境。推动公共空间品质提升，推进坡坎崖绿化美化，加快特色山城步道建设。加快城市棚户区改造，推进社区体育文化公园建设，改善市民居住条件和生活环境。加强交通、工业、扬尘和生活污染防治，持续改善城市空气质量。加强生活垃圾分类管理，将重庆纳入全国"无废城市"试点。

三是建设生态宜居美丽乡村。实施"五沿带动、全域整治"分类分档

提高行动，建设微田园、小组团、生态化的农村人居环境。继续推进农村"厕所革命"，加强对农村污水、垃圾、面源污染的治理工作。注重农村原有房屋古迹的保护，合理整治农村旧房，清洁房屋周边环境，提升村容村貌。完善农村基础设施建设工程，建立基础设施长效管护机制，新建"四好"农村路，新建一批"乡村振兴"路，巩固提升农村饮用水安全。

四是协同推进生产生活方式绿色化。把绿色发展理念融入经济社会发展，鼓励发展循环经济和节能环保产业等。倡导市民践行绿色消费模式，宣传绿色公共交通出行，推广节能环保产品。落实最严格的水资源管理制度，倡导人们节约用水。

4. 着力提升基础设施建设品质，进一步提高人民生活的便捷度、舒适度

打造便捷的交通基础设施，提高互联互通水平。推动干线铁路、城际铁路、市域（郊）铁路、城市轨道交通融合。实施轨道交通 TOD 开发，推动重庆主城与江津、璧山、铜梁、合川、永川、长寿等城市轨道交通有效衔接。加快合川—铜梁—大足—荣昌、遂宁—资阳—内江等城市快轨建设，打通"断头路"，构建城市快轨通勤圈。积极构建干支结合的机场集群，加快重庆第二国际机场、货运枢纽机场规划建设，发展支线航空，新改建合川、万盛支线机场。整合各港口功能，加大重庆港与泸州港、宜宾港合作力度并加强功能分工，开展空铁水公多式联运，提升港口集货能力和转口能力。

加快布局信息基础设施，推动智慧城市建设。推动 5G、大数据、云计算、物联网等信息和网络安全保障基础设施建设，提升建设智慧城市的支撑力。发展智慧交通，持续缓解城市交通拥堵。推进新型智能交通基础设施建设，优化公交线路、候车长廊、公交电子站牌设置，实现都市圈内城区全覆盖。创新应用信息基础设施，推动形成"一站式"办理、未来社区等城市管理新模式。

5. 着力提升公共服务品质，进一步增进民生福祉

积极发展各级各类教育。发展公办和普惠性学前教育，在 0～3 岁幼儿托育方面，着力探索将其纳入基本公共服务范畴的可能，确保幼有所育；促进义务教育均衡优质发展，优化优质中小学布局，加强薄弱学校改造；促进

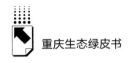
职业教育与普通高中教育共同发展；强化职业教育人才培养；推动高等教育内涵式发展，推进一流本科专业和一流课程"双万计划"。加快构建服务全民终身学习的教育体系。

建立全面覆盖城乡的基本医疗卫生保障体系。加快建设西部医学中心，扩大"三通"紧密型医共体试点。进一步扩大区域内异地就医联网结算定点医药机构覆盖面，逐步实现全域联网结算。构建重庆和各区县医疗保障联盟，促进优质医疗资源合作共享。深化重庆公立医院综合改革，加快分级诊疗、现代医院管理、医保支付等制度建设。健全现代医院管理制度，努力建设"智慧医院"。建设紧密型医共体，建立完善基层医疗卫生服务体系，鼓励相互帮扶。加强医学人才引进和培养工作。强化疫苗监管，注重医疗安全。积极推动中医药事业发展。

构建健康保障体系，提升人民健康水平。普及健康生活方式，强化家庭和高危个体健康生活方式指导及干预。制定实施市民营养计划，提升心理健康水平。统筹建设全民健身公共设施，加强健身步道、骑行道、全民健身中心、体育公园等场地设施建设。推动形成医养结合的疾病管理与健康服务模式，发挥全民科学健身在健康促进、慢性病预防和康复等方面的积极作用。加强居民健康档案管理，完善居民健康档案管理制度。切实加强人口健康信息化建设，建成重庆和各区县互联互通的人口健康信息平台。

深化养老保障制度改革，完善养老服务体系。深入推进城乡居民养老保险全覆盖，提升养老保险待遇水平。完善被征地农民和城乡居民养老保险政策，推动养老保险城乡一体化。建立高龄老年人、失能老年人养老服务补贴制度，共同推进城乡居家养老服务，推动社区医养结合服务，提高公益性养老服务机构能力。

提升社会保障水平，确保社会公平发展。加强重庆社保经办能力建设，合理配套社保经办设施设备，按照工作职能和服务人群规模配备工作人员与服务窗口，提升社保经办机构标准化、专业化、信息化服务水平。健全城乡社会救助体系，开展对救助申请家庭经济状况核查工作，完善信息系统建设，切实落实城乡最低生活保障标准制度，健全城乡最低生活保障标准和人均补差水平的自然增长机制。

6. 着力提升人文环境品质，进一步增加城市文化含量、气质修养

弘扬重庆人文精神，增强城市文化软实力。深入挖掘重庆历史文化根脉，大力传承巴渝文化、三峡文化、革命文化、抗战文化、统战文化、移民文化等特色文化，提升重庆城市文化品牌彰显度、辨识度。做好文化遗产活化利用，开展濒危非物质文化遗产项目抢救，打造非遗生产性活态保护利用基地。挖掘保护乡村文化资源，全面促进乡村文化繁荣发展。发展文创产业，实施文化惠民工程，提升公众文化体验。大力营造"行千里·致广大"的浓厚人文氛围，积极推动文旅融合，营造近悦远来的良好氛围。加强大足石刻、川剧等文化品牌输出。

加大文化交流力度，繁荣群众文化生活。持续推动"重庆文化周""巴渝风情展"等文化交流活动，提升城市文化形象。推动开展文化旅游会展节庆活动，提档升级重庆火锅美食文化节、三峡国际旅游节、中国重庆山水都市旅游节等品牌节庆活动，加大重庆智博会和重庆西部动漫文化节、重庆文博会等展会的文化含金量。推动重庆结合地域特点和文化传统，加强文化娱乐活动和文化服务项目交流融合，打造文化亮点。积极打造人民群众喜闻乐见的文艺精品，发展繁荣文学艺术、新闻出版、广播影视事业。

激活城市夜间消费，提升休闲娱乐品质。促进重庆解放碑等商业步行街提档升级、发展转化，提升购物娱乐体验，加快智慧化改造。强化规划引导，采取以奖代补、先建后补、财政贴息、设立产业投资基金等方式扶持休闲农业与乡村旅游发展，有序引导度假村、民宿等合理发展，加快破解制约民宿消费的体制机制障碍，放宽民宿消费领域市场准入，加强民宿安全监管。结合区域特色，提升夜间经济重点区域配套保障水平，完善夜间综合服务，鼓励开展各类夜间节庆会展活动以及夜间打折让利活动。开展夜间经济主题活动品牌创建，打造一批群众认可度高、经营特色鲜明的夜间经济品牌和项目。

加大公共文化服务建设力度，促进公共文化服务均衡发展。鼓励社会力量参与到公共文化服务体系建设中来，加大政府购买公共文化服务力度。推

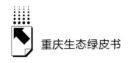

动偏远山区、基层农村、城镇社区基本公共文化设施全覆盖。实施公共文化服务场馆提升工程，深入推进公共图书馆、美术馆、博物馆、文化馆（站）免费开放。推进重庆基层综合性文化（体育）服务中心建设，联手打造城市社区"十五分钟文体圈"和农村"十公里文体圈"，提供"一站式"服务。

7. 着力提升社会治理水平，进一步提升城乡基层的自治、法治、德治水平

鼓励全民参与，筑牢共建共享社会治理格局。强调社会治理主体多元化，鼓励政府、社会组织、自治组织、部门私人部门以及直接参与公共生活的公民在社会公共事务中发挥作用。政府应该继续发挥治理的主导作用，强化研判社会发展趋势、编制社会发展专项规划、制定社会政策法规和统筹社会治理方面的制度性设计、全局性事项管理等职能。积极引导社会组织发展，增强社会组织协同调节能力，依托工会、共青团组织、妇联、基层群众自治组织和社会组织，推进以行业规范、社会组织章程、村规民约、社区公约为基本内容的规范建设。鼓励居民参与社会治理，动员居民参与和居民利益相关的劳动就业、社会保险、社会救助、社会福利、优待抚恤、医疗卫生、文化教育、体育健身、消费维权等工作，强化居民在基层社会治理中的主体作用。

坚定人民为中心的社会治理地位，提升人民群众获得感、幸福感、安全感。强化社会治理的目标追求，必须"坚持发展为了人民、发展依靠人民、发展成果由人民共享，作出更有效的制度安排，使全体人民在共建共享发展中有更多获得感"。完善社会治理利益共享机制，如公共服务应坚持普惠性、保基本、均等化、可持续，使得人民群众能够共享社会治理发展成果。关注各种贫困群体、低收入群体、边缘化群体，使得他们可以通过转移支付制度和社会保障制度获得支持，实现重庆基本民生的保障需求。

强化信息化治理技术支撑，打造未来智慧社区。强化重庆跨区县、跨部门数据整合共享，协同推动中心城市以及支点节点城市的"城市大脑"建设。扎实开展"枫桥经验"重庆实践十项行动，深入开展社会治理大数据智能化建设行动。大力推进智慧法院、智慧检务、智慧警务、智慧司法建设

等，提高社会治理效率。构建以未来邻里、教育、健康、创业、建筑、交通、低碳、服务和治理九大场景创新为重点的集成系统，打造有归属感、舒适感和未来感的新型城市治理单元。

推动重庆社会治理合作，健全协调治理的体制机制。推进重庆在社会治理领域共享经验，加强政府在民生建设、生态建设、安全建设、城市建设、社区管控等领域的合作，同时引导社会组织和民众积极加入治理建设。创新社会治理方面的体制机制，加强在法律和政策法规层面的规划和引导，对区域社会治理的合作原则有基本规定，制定可操作性强的联动细化方案，明确各区县的职责分工，确保联动机制效力和作用。

8. 着力健全公共安全体系，进一步提升人民群众安全感和满意度

加强网络安全综合治理，夯实社会安全基础。创新完善立体化社会治安防控体系，运用先进科学技术健全完善公共安全视频、信息网络等治安防控网络，加强公共安全基层基础建设。严厉打击严重危害社会安全的各种违法犯罪活动。完善重大决策社会稳定风险评估机制。健全社会舆情汇集分析机制，构建社会安全信息资源采集、更新共享平台。

保障食品药品安全，严格实施食品药品安全"零容忍"机制。加强食品药品安全监管，建立最严格的全程覆盖监管制度，严格实施产地准出、市场准入、问题食品药品召回制度，进一步完善食品原产地可追溯制度和质量标识制度。开展食品药品安全风险和舆情监测，建立风险监测网络，建设"智慧食药监"重大工程，健全食品药品安全管理"零容忍"机制，切实保证食品药品质量和安全，维护人民生命安全健康。

提高安全生产水平，遏制重特大生产安全事故发生。建立健全"党政同责、一岗双责、失职追责"的安全生产责任体系，落实属地监管责任。落实企业安全生产主体责任，完善安全生产监管体制机制，及时排查和消除安全隐患，防止和减少生产安全事故。大力培育和发展安全生产行业协会、社会组织，加强安全生产教育和文化建设，提高公众安全意识和素质。加强职业病预防工作，减少职业病危害。

构建应对公共突发事件体制机制，提升防灾减灾能力。健全对自然灾

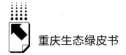

害、事故灾难、公共卫生、社会安全、重大环境污染等各类突发公共事件的预防预警和应急处置体系，健全网络突发事件处置机制，提高政府应对公共突发事件能力。大力推进应急体系信息化建设，运用云计算等新技术升级关键防控技术，加快以应急管理流程为主线的突发事件应急平台建设，形成连接不同部门应急指挥机构、纵横联系、统一高效的应急平台体系。加强宣传教育和应急演练，提高公众自救、互救和应对各类突发公共事件的综合能力。

参考文献

李立国：《创新社会治理体制》，《求是》2013 年第 24 期。

刘容：《国内外打造高品质生活宜居地的基本经验》，《重庆行政》2020 年第 5 期。

刘容：《国内外文化创意城市建设对比研究》，《中国名城》2020 年第 4 期。

田姝：《回顾重庆改革开放 40 年》，《红岩春秋》2018 年第 12 期。

阎加林：《上海实现高品质生活的内涵、特征和实施路径》，《科学发展》2020 年第 1 期。

盛毅：《建设具有成都特质的高品质生活宜居城市》，《先锋》2020 年第 12 期。

重庆社会科学院生态安全
与绿色发展研究中心简介

生态安全与绿色发展研究中心是重庆社会科学院（重庆市人民政府发展研究中心）设立的新型智库研究机构。中心致力于深化研究新时代习近平生态文明思想，为重庆完成中央交办的生态文明建设任务发挥思想库和智囊团作用，主要聚焦长江上游生态环境治理与生态安全、绿色低碳发展、生态环境资源领域公共政策三个特色研究领域。2020 年 12 月入选首批重庆市新型重点智库。

重庆社会科学院生态安全与绿色发展研究中心现有领军人物 3 人，拥有重庆市学术技术带头人、重庆市哲学社会科学领军人才等称号，专职人员15 名，兼职人员 10 名。团队以重庆社会科学院人员为主体，包括重庆环境科学研究院、重庆工商大学、云南大学等单位的人员，涉及生态经济、环境经济、生态学、区域经济、人文地理、自然资源、环境保护、法学等专业领域，15 人具有博士研究生学历，占专兼职人员总数的 60%；高级职称人员20 人，占专兼职人员总数的 80%。

近年来，获得国家领导人批示 5 次、省部级领导批示 30 余次。其中，《关于建设三峡库区国家生态涵养发展示范区的建议》《建议推进长江上游全流域综合治理》《重庆筑牢长江上游重要生态屏障研究报告》《长江上游生态建设应构建区域合作共建机制》《关于探索构建重庆现代生态产业体系全面深入推进全域绿色发展的建议》等先后获得党和国家领导人、省部级领导、市级领导重要批示，多个建议转化为政策文件和部门工作。

《关于构建"规划一张图"体制机制的建议》《关于切实防范股权众筹融资风险的建议》《关于加强"后三峡"时期库区环保工作的建议》《关于建设西南五省市交通协同网络的建议》《高度重视"后三峡"时期入库支流流域综合治理，纵深推进三峡库区全流域可持续发展》等 5 个建议被全国

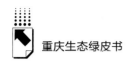
政协立案。

成果获省部级奖励 9 个，其中"三峡库区独特地理单元'环境－经济－社会'发展变化研究"，荣获第八届高等学校科学研究优秀成果奖（人文社会科学）一等奖、"重庆市煤炭生产退出战略研究""多种力量参与乡村治理路径及政策研究"获得重庆市发展研究奖一等奖；"技术引领下的环境排放标准制定与标准管理制度协同创新研究"，荣获重庆市发展研究奖二等奖；"重庆市生态空间格局变化及优化对策研究""重庆建设国际旅游名城战略研究""基于长江经济带国家战略的长江上游地区生态文明研究""重庆市生态空间格局变化及优化对策研究"，荣获重庆市发展研究奖三等奖。

中心多次接受市委市政府、市政协、宣传部等领导直接交办任务，中心专家多次就生态、环境与资源领域的重大政策接受新闻媒体采访，与市生态环境局、市规资局、市林业局、市环科院以及国务院发展研究中心资源与环境政策研究所、四川大学等建立了持续稳定的合作关系，在市内外学界、政界产生了积极影响。

权威报告·一手数据·特色资源

皮书数据库
ANNUAL REPORT(YEARBOOK)
DATABASE

分析解读当下中国发展变迁的高端智库平台

所获荣誉

- 2019年，入围国家新闻出版署数字出版精品遴选推荐计划项目
- 2016年，入选"'十三五'国家重点电子出版物出版规划骨干工程"
- 2015年，荣获"搜索中国正能量 点赞2015""创新中国科技创新奖"
- 2013年，荣获"中国出版政府奖·网络出版物奖"提名奖
- 连续多年荣获中国数字出版博览会"数字出版·优秀品牌"奖

成为会员

通过网址www.pishu.com.cn访问皮书数据库网站或下载皮书数据库APP，进行手机号码验证或邮箱验证即可成为皮书数据库会员。

会员福利

- 已注册用户购书后可免费获赠100元皮书数据库充值卡。刮开充值卡涂层获取充值密码，登录并进入"会员中心"—"在线充值"—"充值卡充值"，充值成功即可购买和查看数据库内容。
- 会员福利最终解释权归社会科学文献出版社所有。

数据库服务热线：400-008-6695
数据库服务QQ：2475522410
数据库服务邮箱：database@ssap.cn
图书销售热线：010-59367070/7028
图书服务QQ：1265056568
图书服务邮箱：duzhe@ssap.cn

社会科学文献出版社 皮书系列
SOCIAL SCIENCES ACADEMIC PRESS (CHINA)

卡号：592533812895

密码：

S 基本子库
SUB DATABASE

中国社会发展数据库（下设 12 个子库）

整合国内外中国社会发展研究成果，汇聚独家统计数据、深度分析报告，涉及社会、人口、政治、教育、法律等 12 个领域，为了解中国社会发展动态、跟踪社会核心热点、分析社会发展趋势提供一站式资源搜索和数据服务。

中国经济发展数据库（下设 12 个子库）

围绕国内外中国经济发展主题研究报告、学术资讯、基础数据等资料构建，内容涵盖宏观经济、农业经济、工业经济、产业经济等 12 个重点经济领域，为实时掌控经济运行态势、把握经济发展规律、洞察经济形势、进行经济决策提供参考和依据。

中国行业发展数据库（下设 17 个子库）

以中国国民经济行业分类为依据，覆盖金融业、旅游、医疗卫生、交通运输、能源矿产等 100 多个行业，跟踪分析国民经济相关行业市场运行状况和政策导向，汇集行业发展前沿资讯，为投资、从业及各种经济决策提供理论基础和实践指导。

中国区域发展数据库（下设 6 个子库）

对中国特定区域内的经济、社会、文化等领域现状与发展情况进行深度分析和预测，研究层级至县及县以下行政区，涉及省份、区域经济体、城市、农村等不同维度，为地方经济社会宏观态势研究、发展经验研究、案例分析提供数据服务。

中国文化传媒数据库（下设 18 个子库）

汇聚文化传媒领域专家观点、热点资讯，梳理国内外中国文化发展相关学术研究成果、一手统计数据，涵盖文化产业、新闻传播、电影娱乐、文学艺术、群众文化等 18 个重点研究领域。为文化传媒研究提供相关数据、研究报告和综合分析服务。

世界经济与国际关系数据库（下设 6 个子库）

立足"皮书系列"世界经济、国际关系相关学术资源，整合世界经济、国际政治、世界文化与科技、全球性问题、国际组织与国际法、区域研究 6 大领域研究成果，为世界经济与国际关系研究提供全方位数据分析，为决策和形势研判提供参考。

法律声明